Peter Wolffen

Golden Retriever

Haltung

Erziehung

Pflege

Erste Hilfe

Quick Info

Das Geheimnis des Golden Retriever

Familienzuwachs: der Welpe hält Einzug

Viel Zuwendung und gutes Futter

Der Golden Retriever auf einen Blick

Mit seinem freundlichen Gesicht und zuverlässigem Wesen, seinen kraftvollen Bewegungen und ansprechendem Äußeren hat der Golden Retriever die Herzen vieler Hundefreunde erobert.

Der Golden Retriever im Größenvergleich

Kleine Kinder sollten Sie nie ohne Aufsicht mit Ihrem Golden Retriever alleine lassen. Bedenken Sie immer die Kraft eines ausgewachsenen Hundes – auch der kinderfreundlichste kann in harmlosen Situationen ohne böse Absicht z. B. ein Kind umstoßen.

Damit es keine Probleme gibt, muss der Goldie richtig erzogen werden.

Der Golden Retriever in Stichworten

Wesen	liebenswürdig, gehorsamsbereit, ausgeglichen, zutraulich, intelligent
Pflege	regelmäßig (etwa 1–2 mal die Woche) bürsten
Bewegungsbedürfnis	relativ groß, möchte gerne beschäftigt werden (z. B Agility)
Ansprüche	Familienanschluss, regelmäßige Spaziergänge, sonst genügsam
Wachsamkeit	wenn es die Situation erfordert
Besonderheiten	Neigung zur »Verfressenheit«

Intergrierbarkeit in die Familie

Der Golden Retriever ist ein freundlicher und lebhafter Hund, der sich der ganzen Familie anschließt und immer in ihrer Nähe sein möchte.

Darauf müssen Sie sich einstellen

Der Golden Retriever ist nicht gern allein	→ Nicht länger als 4 Stunden alleine lassen
Er braucht eine Aufgabe	→ Apportierspiele und andere Hundesportarten machen ihm große Freude
Er kann bis zu 37 kg wiegen und ist sich seiner Kraft bewusst	→ Auch seine Besitzer müssen sich dessen bewusst sein
Er ist ebenso ruhig wie temperamentvoll	→ Er benötigte eine liebevoll, aber konsequente Erziehung
Er liebt Bewegungsfreiheit	→ Ein Haus mit Garten ist ideal
Er kann 10 Jahre und älter werden	→ Solange müssten Sie bereit sein, Ihr Leben mit ihm zu teilen

Im Allgemeinen kommen Golden Retriever gut mit anderen Hunden aus.

Wie gehe ich richtig mit dem Golden um?

Mit jedem größeren Lebensabschnitt ändern sich auch die Bedürfnisse des Hundes. Fütterung, die Bewegung und auch die Erziehung müssen dem Alter entsprechend aufeinander abgestimmt sein.

Das braucht der Welpe (0–4 Monate)

Ernährung: Kleine Welpen werden 4-mal am Tag gefüttert. Im Handel sind heute spezielle Welpenfertigfutter erhältlich (siehe Seite 34f.).

Bewegung: Etwa 6–7 kurze Spaziergänge (10–15 min) sollten Sie täglich mit ihrem Welpen machen, sobald der Impfschutz vollständig ist.

Prägespiele: Kontakt und Spielmöglichkeiten zu Artgenossen, aber auch anderen Menschen und Tieren sind nun wichtig. Er muß sie kennen lernen und Vertrauen entwickeln.

Tierarzt: In dieser Zeit sind eine gründliche Allgemeinuntersuchung, Entwurmungen und sämtliche Impfungen zu erledigen (siehe Seite 59/51).

Verbote: Ein Welpe darf auf keinen Fall bereits viele Treppen steigen, neben dem Fahrrad herlaufen, Hindernisse überspringen oder sofort nach dem Füttern wild herumtoben (siehe Seite 36/37)

In den ersten Lebenswochen ist Spielen mit den Wurfgeschwistern angesagt.

Das braucht der Junghund (5–12 Monate)

Ernährung: Im Laufe dieser Monate sollten Sie langsam auf 3-, dann auf 2-mal täglich Füttern umstellen. Zum Gebisswechsel können harte Kauknochen gegeben werden (siehe Seite 34/35).

Bewegung: Jeden Tag 3 bis 4 Spaziergänge reichen dem Junghund aus. Sie sollten die Gänge nach und nach bis auf 30 Minuten ausdehnen.

Prägespiele: Auch jetzt noch ist besonders die Begegnung mit Artgenossen wichtig. Im Spiel mit ihnen lernt der Hund sich zu behaupten und übt auch das artgemäße Sozialverhalten.

Erziehung: In diesem Alter ist der Golden am lernfähigsten. Sie können damit beginnen, ihn leinenführig zu machen und ihn seine Umwelt weiter kennen lernen zu lassen. Gehen Sie mit ihm in die Stadt, fahren Sie mit öffentlichen Verkehrsmitteln etc., damit er mit diesen Situationen vertraut wird. Auch die Grundregeln (»Komm!«, »Sitz!«, »Platz!«) lernt er jetzt sehr schnell (siehe Seite 44ff.).

Tierarzt: Neben den allgemeinen Untersuchungen müssen nun die Zahnentwicklung kontrolliert und eine erste Kontrolle auf Hüftgelenksdysplasie (HD) durchgeführt werden (siehe Seite 54/55).

Verbote: Noch immer sind häufiges Treppensteigen und das Laufen neben dem Fahrrad tabu. Auch Springen über zu hohe Hindernisse und Toben nach dem Fressen sollte man unbedingt sein lassen.

Alle Hunde lieben den Körperkontakt mit ihren zweibeinigen Freunden.

Das braucht der erwachsene Hund (1–6 Jahre)

Ernährung: Den ausgewachsenen Hund füttert man nun 1- bis 2-mal täglich eine Futtermenge, die seinem Gewicht und dem individuellen Bedarf entspricht (beim Golden um 500 g pro Tag). Übergewicht sollte unbedingt vermieden werden! Weiterhin geeignete Kauknochen anbieten (siehe Seite 34/35).

Bewegung: 2 bis 3 Spaziergänge reichen dem Golden nun aus. Je nachdem wie oft man »Gassi« geht, sollte ein Gang etwa eine dreiviertel Stunde bis 1 Stunde dauern – der Golden läuft aber auch gerne einmal bei einem mehrstündigen Ausflug mit. Fahrradfahren ist nun ebenfalls erlaubt, aber nur in Maßen (siehe Seite 36/37).

Erziehung/Ausbildung: Nachdem Ihr Hund ja die »Grundregeln« beherrscht, können Sie mit ihm nun je nach Interesse an verschiedenen Ausbildungen/Kursen/Prüfungen teilnehmen, z. B. Begleithund, Jagdhund, Fährtensuche, etc (siehe Seite 36/37).

Tierarzt: Einmal im Jahr sollten Sie von nun an Ihren Golden gründlich »durchchecken«, impfen, regelmäßig entwurmen und sein Gebiss kontrollieren lassen. Eine weitere HD-Untersuchung ist fällig, wenn der Hund ganz ausgewachsen ist (siehe Seite 54/55).

Verbote: Ihr Hund kann inzwischen eigentlich alles mitmachen. Springen und Treppen sind auch kein Problem mehr, solange man es nicht übertreibt. Spaziergänge und Herumtollen nach dem Fressen sind wegen der Gefahr der Magendrehung immer und in jedem Alter tabu!

Einmal täglich will der Goldie richtig rennen, springen und toben.

Das braucht der ältere Hund (etwa ab 7 Jahre)

Ernährung: Beim älteren Hund sollte man die Tagesration wieder auf 3 Mahlzeiten pro Tag umstellen. Für Hundesenioren (und übergewichtige Tiere) gibt es besondere Leichtfutter im Handel. Kauknochen sollten nur noch bei gesunden Zähnen angeboten werden (siehe Seite 34/35).

Bewegung: Unter Berücksichtigung der individuellen Verfassung des Hundes sind weiterhin 2 oder 3 längere Spaziergänge pro Tag sinnvoll, aber vielleicht in etwas gemächlicherem Tempo. Achten Sie auf Anzeichen der Ermüdung, generell halten aber auch Senioren noch gut bei größeren Wanderungen mit.

Übung: Trainierte Hund bleiben länger fit! Wiederholen Sie mit ihrem Golden regelmäßig alles, was er bisher gelernt hat. Fordern Sie Ihren Hund weiterhin, z.B. mit Dummy-Übungen. Auch der ältere Hund möchte Beschäftigung, aber natürlich in vernünftigem Maß und entsprechend seines Gesundheitszustandes.

Tierarzt: Es empfiehlt sich, nun 2-mal jährlich eine gründliche Untersuchung vornehmen zu lassen und, neben den obligatorischen Behandlungen, evtl. auch eine Augen-, Blut-, Urin- und Kotkontrolle.

Verbote: Bei Kälte Schwimmen oder Anstrengung bei Hitze belasten den Kreislauf!

Auch der ältere Hund braucht Bewegung, um fit und gesund zu bleiben.

Das Geheimnis des Golden Retriever

Er ist nicht nur herrlich anzusehen, sondern auch noch ein absolutes Multitalent. Ob Blindenführhund, Drogenspürhund oder Familienhund, der Golden Retriever meistert alle an ihn gestellten Aufgaben mit Bravur. Doch vor seiner steilen »Karriere« war er Apportierhund der Jäger – und das hat ihn bis heute geprägt.

Familienfreundlich, zuverlässig und eine richtige Schönheit - keine Wunder, dass der Golden Retriever so beliebt ist.

Aus Kanada, Labrador und Neufundland kamen einst die Vorfahren des schönen Goldenen nach England. Diese Hunde leisteten den Menschen ausgezeichnete Dienste und waren auf dem Land ebenso eifrig, wie im Wasser. Dass der sanfte Allrounder in den vergangenen Jahren zum Familienhund Nr. 1 avancierte, ist kaum verwunderlich, denn er vereint Ausgeglichenheit mit Lebensfreude, ist freundlich und klug und gehört außerdem – kaum einer wird es bestreiten – zu den hübschesten Hunderassen, die wir kennen.

Harmonie und Stärke

Sein kraftvoller, harmonischer Körperbau, der wohl geformte Kopf mit den weit auseinander stehenden, dunkelbraunen Augen und das herrliche goldschimmernde Fell wecken nicht nur in ausgemachten Retriever-Fans den Wunsch, ein solches Tier zu besitzen. Verständlich, denn der Golden Retriever hält auch charakterlich, was sein Äußeres verspricht. Er ist ein Energiebündel, doch leicht zu erziehen und ein verlässlicher Begleiter bei allen möglichen Aktivitäten. Vergessen darf man darüber jedoch nicht, dass er ein zwar bemerkenswerter, doch ganz »normaler« Hund ist, dem man ein artgerechtes Leben ermöglichen muss.

Die Verwandtschaft

Der bekannteste Verwandte unseres Golden Retriever ist sicherlich der ebenfalls ausnehmend beliebte Labrador. Doch man unterscheidet neben diesen beiden noch vier weitere Retriever. Sie zählen zur FCI-Gruppe 8, den Apportier-, Stöber- und Wasserhunden und sind allesamt – ob mehr oder weniger populär – bemerkenswerte, vielseitig begabte Persönlichkeiten. In den folgenden Kurzportraits werden die fünf »Brüder« des Golden vorgestellt.

Labrador Retriever

Herkunftsland: Großbritannien

Erscheinungsbild
Körperbau: mittelgroß, kraftvoll, kompakt
Größe: Rüden 56–57 cm, Hündinnen 54–56 cm

Zur Verwandtschaft gehört der Labrador Retriever. Sein Fell ist schwarz, gelb oder schokoladenbraun.

Haarkleid: kurz, dicht, relativ hart und mit einer Wasser abweisenden Unterwolle
Farbe: gelb, schwarz oder schokoladenbraun

Wesen
Labradors sind besonders freundliche, aufgeweckte und sehr anpassungsfähige Hunde. Sie zeigen weder Anzeichen von Aggressivität, noch von Scheu. Auch sie sind Multitalente.

Nova Scotia Duck Tolling Retriever (kurz: Toller)

Nova Scotia Duck Tolling Retriever.

Herkunftsland: Kanada

Erscheinungsbild:
Körperbau: harmonisch, kräftig, kompakt
Größe: Rüden 48–51 cm, Hündinnen 45–48 cm
Haarkleid: mittellang, weich, manchmal leicht wellig, dichte Unterwolle, gute Befederung
Farbe: alle Schattierungen von Rot oder Orange, meist weiße Abzeichen an Brust, Kopf, Pfoten oder der Rutenspitze

Wesen
Der Toller ist der kleinste in der Familie der Retriever und ein überaus flinker, wachsamer Hund. Er ist intelligent, gelehrig, ausdauernd.

Curly Coated Retriever

Curly Coated Retriever

Herkunftsland: Großbritannien

Erscheinungsbild
Körperbau: groß, robust, elegant
Größe: Rüden 64–67,5 cm, Hündinnen 59–63,5 cm
Haarkleid: Wasser abweisend, mit kleinen, harten Locken
Farbe: schwarz oder leberfarben

Wesen
Der selbstbewusste Curly ist ein verlässlicher, feinfühliger und freundlicher Begleiter mit ausgeprägtem Schutz- und Wachtrieb.

Chesapeake Bay Retriever

Herkunftsland: USA

Erscheinungsbild

Körperbau: mittelgroß, kräftig, Hinterhand etwas höher, als die Schultern, aber dennoch ausgewogen
Größe: Rüden 58–66 cm, Hündinnen 53–61 cm
Haarkleid: dicht, Wasser abweisend, mit molliger Unterwolle, an Schultern, Hals, Rücken und Lenden leicht gewellt
Farbe: jeder Ton von Braun, Binse oder totem Gras ist dem Standard nach erlaubt

Wesen

Der Chesapeake wird besonders wegen seines aufgeweckten, fröhlichen Wesens geschätzt. Er ist mutig, ausdauernd und sehr arbeitswillig. Bei der Jagd arbeitet er gerne selbständig. Gleichzeitig ist er ein guter Wach- und Schutzhund für seine Familie.

Chesapeake Bay Retriever

Flat Coated Retriever

Herkunftsland: Großbritannien

Erscheinungsbild

Körperform: mittelgroß, sehr elegant, mit schmälerem Kopf als die anderen Retriever
Größe: Rüden 58–65,5 cm, Hündinnen 56,5–59 cm
Haarkleid: lang, glatt, Läufe und Rute sind dicht befedert
Farbe: meist glänzend schwarz, seltener leberbraun

Wesen:

Der schöne Flat Coated ist ein äußerst freundlicher, lebhafter, leichtführiger und dabei sehr sensibler Hund. Diese Eigenschaften machen ihn zu einem angenehmen Hausgenossen, er ist aber ein ebenso hervorragender Jagdbegleiter. Er entwickelt eine sehr enge Beziehung zu seinem Halter. Der Flat Coated behält seine Lebhaftigkeit und die Lust zum Spielen bis ins hohe Alter.

Flat Coated Retriever

Golden Retriever im Profil

Ein Standard des Golden Retriever stand schon früh in der Geschichte dieser Rasse fest. Eine letzte Überprüfung der dort festgelegten Anforderungen an den Golden fand 1986 beim maßgeblichen englischen Kennel Club statt, ihr Ergebnis war der noch heute gültige FCI-Standard (Fédération Cynologique Internationale = der Internationale Hundeverband mit Sitz in Belgien). Darin sind sämtliche äußerlichen und charakterlichen »Ideale« der Rasse aufgelistet, an die jeder – zumindest jeder zur Zucht zugelassene – Golden möglichst nahe heranreichen sollte. An Form, Farbe, Muskelspiel und erlaubte Bewegungsabläufe werden bestimmte Anforderungen gestellt. Sogar das Aussehen der Ohren, der Augen, des Kopfes und des Gebisses sollte dem Standard entsprechen. (FCI-Nr.: 111/8.1).

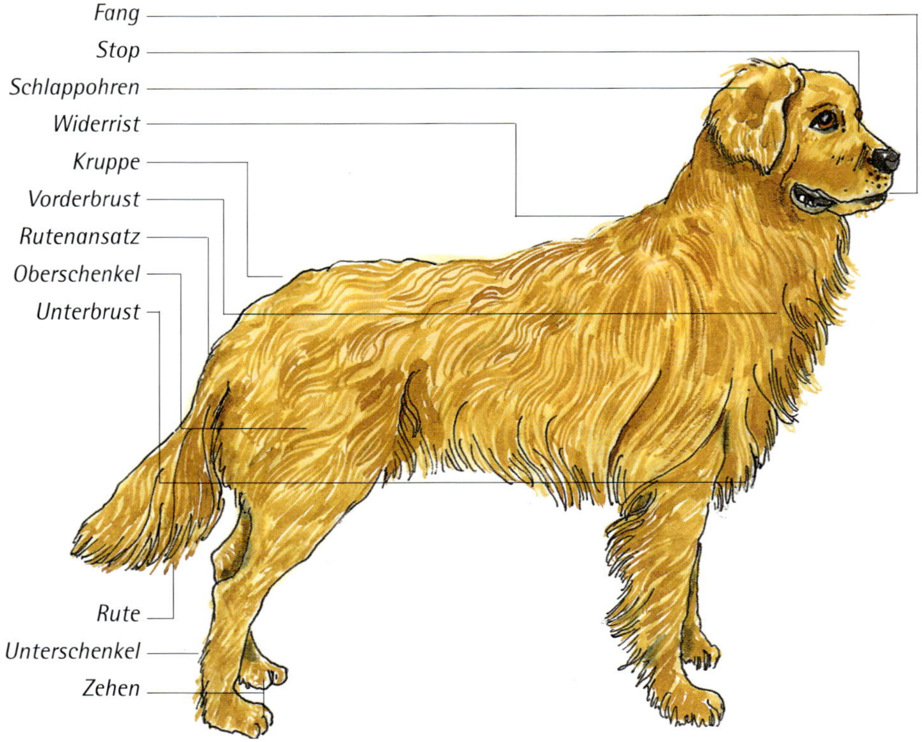

Auszug aus dem Standard (Steckbrief)

- **Allgemeines Erscheinungsbild:** Symmetrischer, harmonischer Körperbau, kraftvoll, ausgeglichene Bewegung, kernig bei freundlichem Ausdruck
- **Charakteristika:** Gehorsam, intelligent, mit natürlicher Anlage zu arbeiten
- **Kopf und Schädel:** Ausgeglichen, wohl geformt, breiter Oberkopf ohne grob zu sein, kräftiger breiter Fang, ausgeprägter Stop, Nase schwarz
- **Augen:** Dunkelbraun, weit voneinander eingesetzt, dunkle Lidränder
- **Behang:** Mittelgroß, ungefähr in Höhe der Augen angesetzt
- **Gebiss:** kräftige Kiefer mit regelmäßigem, vollständigen Scherengebiss. Die obere Schneidezahnreihe greift ohne Zwischenraum über die untere. Die Zähne stehen senkrecht im Kiefer.
- **Hals:** Von guter Länge, trocken, muskulös
- **Vorhand:** Vorderläufe gerade mit kräftigen Knochen, Schulter gut zurückliegend, langes Schulterblatt bei gleicher Oberarmlänge, durchaus gut unter den Rumpf gestellt, Ellenbogen anliegend
- **Hinterhand:** Lende und Läufe kräftig und muskulös, Unterschenkel von guter Länge, gut gewinkelte Kniegelenke, tiefe Sprunggelenke, die, von hinten betrachtet, gerade sind
- **Pfoten:** Rund, »Katzenpfoten«
- **Rute:** In der Höhe der Rückenlinie angesetzt und getragen, bis zu den Sprunggelenken reichend, ohne Biegung am Rutenende
- **Gangart:** Kraftvoll mit gutem Schub, gerade und parallel in Vor- und Hinterhand. Vortritt ausgreifend und frei, dabei in der Vorhand ohne Anzeichen des Steppens
- **Farbe:** Jede Schattierung von gold oder kremefarben, weder rot noch mahagoni. Einige weiße Haare, allerdings nur an der Brust, sind zulässig.
- **Haarkleid:** Glatt oder wellig, mit guter Befederung, dichte und Wasser abstoßende Unterwolle
- **Größe:** Rüden 56 bis 61 cm, Hündinnen 51 bis 56 cm
- **Gewicht:** Wird im neuen Rassestandard von 1987 nicht mehr angegeben, sollte aber beim Rüden zwischen 29,5 und 31,5 kg, bei Hündinnen zwischen 25 und 27,5 kg liegen.

INFO

Rüden sollen laut Standard zwei normal entwickelte Hoden aufweisen, die sich vollständig im Skrotum (= Hodensack) befinden.

Wesen und Verhalten

WICHTIG

Den Welpen nur bei einem seriösen und verantwortungsvollen Züchter kaufen, der seine Tiere artgerecht hält und vor allem auf mögliche Erbkrankheiten (z. B. Hüftgelenksdysplasie) untersucht.

Seine ausgesprochen freundliche und ruhige Natur, die der Golden Retriever in seinem Zuhause an den Tag legt, gehört ebenso zu seinem Wesen, wie Gehorsamkeit, Reaktionsstärke und Arbeitsfreude. Letztere zeugen von seiner ursprünglichen Aufgabe als Apportierhund. Er hat sich diese hervorragenden Eigenschaften bis heute bewahrt. Der robuste, bewegungsfreudige Golden steckt voll Energie und ist ein ausgesprochener Menschenfreund, der seinem Herrn gefallen möchte und ihm stets ein treuer Begleiter ist. Alle diese Wesenszüge und Eigenschaften sind es, die den schönen Retriever in den letzten Jahren zu »Everybody`s Darling« machten. Doch gerade diese Beliebtheit schadete der Rasse eigentlich mehr, als sie ihr Nutzen brachte. Unverantwortliche Massenzucht führt zu Erbkrankheiten, wie beispielsweise eine durch einen Gendefekt bedingte, plötzlich und grundlos auftretende Aggression gegenüber allem und jedem. Immer wieder sind einige Golden Retriever davon betroffen.

So richtig wohl fühlt sich der Golden Retriever bei einem Spaziergang mit der ganzen Familie.

Familie und Freunde

Gutmütigkeit und Anpassungsfähigkeit machen den Golden zum idealen Familienhund. Züchterin Patricia Busch beschrieb den Golden Retriever so: »Er zeichnet sich durch seine Freundlichkeit aus, sowohl den Menschen als auch anderen Tieren gegenüber. Er lebt in Eintracht mit der ganzen Familie und anderen eventuell vorhandenen Haustieren«. Ein ausgesprochener Wach- und Schutzhund ist der große Goldene jedoch nicht. Zwar meldet er aufmerksam und gewissenhaft jeden Fremden, doch er ist kein Typ für aggressive Verteidigungsaktionen. Sämtliche Freunde der Familie – selbst wenn diese lange nicht mehr zu Besuch waren – erkennt der sanfte Golden Retriever übrigens sofort. Sie dürfen sich einer freudigen und mitunter stürmischen Begrüßung gewiss sein, denn er weiß sehr gut zwischen »Freund« und »Feind« zu unterscheiden. Letztere müssen in der Regel mit Abneigung und vielleicht sogar mit einem drohendem Knurren rechnen, denn Herrchens »Feinde« sind auch Goldens »Feinde«. Retriever haben ein gutes Gedächnis.

Achtung

Seine Freundlichkeit allen anderen Lebewesen gegenüber macht den Golden zum perfekten Familienhund, doch wird sein Wunsch nach einer festen Aufgabe leicht übersehen.

Der Goldie ist ausgesprochen kinderlieb. Allerdings sollten die Kids schon etwas größer sein.

Verwendung und Fähigkeiten

Info

Der Retriever weiß genau, wo er das geschossene Wild, z. B. eine Ente, suchen muss, denn er hat dessen »Sturzflug« aufmerksam beobachtet! »Marking« nennt man die Fähigkeit des Hundes, sich die Einfallstellen der »Beute« genau zu merken.

Info

Seinem Talent für Apportieraufgaben verdankt der Golden Retriever einen Teil seines Namens: Das englische Verb »to retrieve« bedeutet so viel wie »wieder bringen«.

Golden sind vielseitig: Jagd- und Familientiere, Showstars und Leistungsträger. Sie begleiten ihre Besitzer in deren Freizeit, sind freudig bei Agility oder Breitensport mit dabei und erweisen sich immer wieder als unentbehrliche Helfer in verschiedensten Bereichen.

Jagdhund

Nach der obligatorischen Grundausbildung können Golden auf Grund ihrer natürlichen Veranlagung zu idealen Jagdhunden erzogen werden. Körperlich sind sie durch Statur und das dicke, Wasser abstoßende Fell ebenfalls ganz hervorragend dafür geeignet. Mit ihrer hohen Arbeitsintelligenz erlernen Golden Retriever dabei zahlreiche Hilfstätigkeiten, die für den Jäger von unschätzbarem Wert sind. Ziel ist dabei die lautlose Suche und das Auffinden von geschossenem Wild. Die »Beute« muss der Hund mit »weichem Maul« (d.h. ohne harten

Retriever (hier ein Nova Scotia Duck Tolling Retriever) sind auch zuverlässige Jagdbegleiter.

Biss in das Wildbret) apportieren und abliefern. Besonders gern verrichtet der wasserfreudige Retriever seine Arbeit, wenn sie mit einem Bad verbunden ist.

Helfer

An jagdlich orientierten »Dummy-Prüfungen« und Agility-Übungen kann er seine Anlagen zeigen auch wenn er nicht zum Jagdhund ausgebildet wird. Häufig wird er als Blindenführhund eingesetzt, denn seine Aufmerksamkeit, Geduld und Lenkbarkeit prädestinieren ihn geradezu dafür. Golden können auch Schwerhörigen das Leben erleichtern. Als so genannte »Hörhunde« informieren sie ihren Menschen beispielsweise ob das Telefon klingelt oder eine Alarmglocke schrillt – ein Zupfen in Richtung Geräusch genügt. Aber auch die Polizei schätzt den Golden Retriever, denn er arbeitet ausgezeichnet als Rauschgiftschnüffler oder Fährtenhund. Ein wichtiger Helfer ist er auch bei Erdbeben oder anderen Situationen, in denen seinen unermüdliche Spürnase gefragt ist.

Info

In England werden sogar Golden Retriever mit Labradors gekreuzt, weil Experten feststellten, dass die erste Generation einer solchen Paarung eine ganz besondere Eignung zum Blindenführhund besitzt.

Die lernfreudigen und robusten Golden Retriever werden häufig als Rettungshund ausgebildet.

Familienzuwachs: Der Welpe hält Einzug

Endlich ist es so weit! Der kleine, gut acht Wochen alte Welpe ist auf dem Weg in sein künftiges Zuhause. Für den Winzling ist dies seine erste große Reise und alles, was ihm von nun an widerfährt, sind einschneidende Erlebnisse. Die ersten Tage und Wochen in der neuen Familie werden ihn ein Leben lang beeinflussen.

Kuscheln ist für den Welpen sehr wichtig. Es ersetzt den Körperkontakt, den er bisher mit seiner Hundefamilie hatte.

So angenehm und stressfrei wie nur irgend möglich sollte man einem Welpen den Umzug und die erste Zeit im neuen Heim gestalten. Denn für ihn bedeutet es den Verlust seiner Hundefamilie und allem andern, was ihm bisher vertraut war. Herrchen und Frauchen müssen deshalb darauf achten, ihrem Schützling von Anfang an nur positive Eindrücke zu vermitteln – diese Phase wird entscheidend sein, ob man später einen Traumpartner oder ein Problemkind zuhause hat.

Rüde oder Hündin?

Wie bei allen Entscheidungen bezüglich des neuen Hausgenossen sollte sich die Familie auch über dies Frage einige sein. Das Geschlecht macht bei dieser Rasse allenfalls einen Größen- und Gewichtsunterschied von maximal 10 cm Schulterhöhe und 5 kg Gewicht aus. Die Hündin wird zweimal im Jahr läufig. Will man nicht züchten und sich Ärger und Schwierigkeiten während dieser Zeit ersparen, ist eine Sterilisation oder Kastration angebracht. Bei einem Rüden muss man sich auf das manchmal für den Besitzer recht anstrengende Verhalten eines »liebeskranken« Hundes einstellen. Auch hier kann mit einem chirurgischen Eingriff für Abhilfe gesorgt werden.

Aller Anfang ist schwer

INFO

Der Platz für das Körbchen sollte so gewählt sein, dass er dem Hund einerseits ein ungestörtes Rückzugsgebiet sein kann, ihn aber dennoch an den Geschehnissen in Haus oder Wohnung teilhaben lässt.

Der Einzuge eines kleinen Hundes ist auch für die Familie ein aufregendes Ereignis. Dennoch sollten alle dem Neuankömmling zuliebe die Ruhe bewahren. Nervosität und hektisches Verhalten erschwert dem Hundekind die Eingewöhnung.

Die Heimfahrt

Zwei Menschen sollten den stark gestressten kleinen Golden auf dieser Fahrt begleiten: Einer hält ihn auf dem Schoß, denn er braucht jetzt viel Trost und Geborgenheit, der andere fährt, möglichst vorsichtig und nicht zu schnell. An einem warmen Tag darf der Kleine nicht in der Sonne sitzen, damit es ihm nicht zu heiß wird. Er sollte aber auch keinen Zug bekommen. Manche Welpen werden durch die draußen vorbeihuschenden Dinge wie Bäume, Laternen, andere Autos usw. verunsichert und bekommen Angst. Lassen Sie ihn deshalb nicht immer aus dem Fenster schauen. Am besten gibt der Züchter dem Welpen ein Stück Stoff oder Decke voll vertrauter Gerüche mit auf den Weg. Bereits nach wenigen Minuten sollte man anhalten, damit der Welpe einige Minuten angeleint herumtollen oder sich erleichtern kann. Starker Speichelfluss und übertriebenes Gähnen zeigen Übelkeit an. Auch dann ist eine Pause fällig. Wichtig: Der kleine Kerl sollte vor der Fahrt nichts zu Fressen bekommen. Die günstige Abholzeiteit ist übrigens der frühe Vormittag.

WICHTIG

Hundekauf ist »Adoption« eines Familienmitglieds auf Zeit. Hunde sind kein »Mitbringsel« aus einer Laune heraus und kein Ergebnis von unüberlegtemShopping!

Behutsame Eingewöhnung

Auf keinen Fall darf gleich das restliche »Menschenrudel«, Kinder, Oma und die Nachbarn auf den arg verwirrten Neuankömmling einstürmen. Lassen Sie dem Welpen Zeit, die Umgebung und die dazugehörigen Menschen selbst zu entdecken. Spielen Sie nur mit ihm, wenn er Sie dazu auffordert – keine Angst: Spieltrieb und Verlassenheitsgefühl treiben ihn immer wieder zu Ihnen hin. Einen positiven Einfluss auf den Kleinen hat natürlich auch der gut gefüllte Futternapf. Wa es was zu fressen gibt, fühlt man sich schnell heimisch. Für gelegentliche Ruhepausen sollte bereits ein Welpenkörbchen mit einem weichem Kissen bereit stehen. In den ersten Nächten darf es neben Ihrem eigenen Bett stehen. Ab und zu halten Sie die Hand hinein und streicheln den Kleinen – doch wohldosiert! Lassen Sie sich nicht durch Dauerwinseln erpressen. Wichtig: Lernen Sie das anfängliche Verlassenheitsjaulen vom unruhigen Fiepen zu unterscheiden, das ein dringendes Geschäftchen ankündigt. Sicherlich werden Sie in den ersten zwei Wochen auch nachts aufstehen müssen, um Ihren Golden kurz an ein bereits Vertrautes Plätzchen »Gassi« zu führen.

Welpe oder erwachsener Hund

Ob man sich einen Welpen oder einen erwachsenen Hund ins Haus holt, sollte gut überlegt sein. Beides birgt Vorteile und Nachteile. Je jünger der Hund, desto besser und schneller passt er sich Ihrem Alltagsrhytmus an und umso mehr wird er zum völlig integrierten Familienmitglied. Allerdings verlangt die Erziehung des kleinen Kerls viel Zeit und auch Nerven. Ein älterer Hund ist bereits stubenrein und mehr oder weniger erzogen. Andererseits braucht es Geduld und Einfühlungsvermögen, den Golden mit der fertigen Hundepersönlichkeit mit seiner neuen Umgebung und den vorhandenen Lebensabläufen vertraut zu machen.

Achtung

Nehmen Sie einen bereits Ausgewachsenen, etwas älteren Hund zu sich, sollten Sie sich unbedingt genau über dessen »Vorgeschichte« in Kenntnis setzen lassen!

Zunächst erkundet der Kleine neugierig jeden Gegenstand. Lassen Sie ihn gewähren – unter Aufsicht.

Freundlich und anpassungsfähig

Charakterliche Stabilität und der nicht vorhandene Kampftrieb des Golden machen ihn zum gut geeigneten Familien- und Kinderhund. Sein Wachtrieb ist ausreichend ausgeprägt, genauso Schutztrieb und Schärfe, die den Hund veranlassen, im Notfall für seine Familienmitglieder einzutreten.

Gute Gefährten: Kinder und »Goldie«

Trotz all seiner guten Eigenschaften sind weder der Golden noch andere Hunde als selbstständige Kindeshüter geeignet. Besonders nicht, wenn die Hunde noch jung und die Kinder noch klein sind – zu viele Missverständnisse können zwischen Tier und Mensch auftreten. Golden Retriever und Kinder sind aber ausgesprochen gute Gefährten, wenn die Kinder etwas älter sind und der Golden sorgfältig erzogen ist. Was den Kindern allerdings im Umgang mit Hunden klar sein

Alles, was zum Haus gehört, akzeptiert ein Goldie normalerweise als Mitglieder »seines« Rudels.

muss: Er ist ein Lebewesen und kein Spielzeug. Kinder müssen lernen, das Tier zu respektieren, es weder zu quälen, noch beim Fressen und Schlafen zu stören. Trotz ihrer eigenen (höheren) Stellung im »Familien-Rudel« dürfen sie den Hund nicht in Positionen drängen, in denen er nur noch Eifersucht und Ärger empfindet. Wenn sie dies beachten, haben sie einen wunderbaren Spielgefährten und treuen Freund.

TIPP Haben Sie Kleinkinder in der Familie, so sollte der Golden einen Namen tragen, den diese richtig aussprechen können. So können eventuelle Missverständnisse vermieden werden.

Partner für ältere Menschen

Seine Lenkbarkeit, die Sanftheit und das große Interesse am Wohlbefinden seines Besitzers machen den Golden auch zu einem angenehmen Begleiter für ältere Menschen. Besonders deshalb, weil sich der Golden auch auf Menschen einstellen kann, die nicht mehr genug Kraft haben, mit ihrem Tier um die Wette zu laufen oder ähnliches. Wer sich übrigens die Erziehung eines Welpen nicht zutraut, kann sich an einen der zuständigen Klubs wenden, denn immer wieder werden ausgebildete Golden Retriever aus den verschiedensten Gründen plötzlich heimatlos. Gute Züchter nehmen solche Tiere wieder zu sich und sind dankbar, wenn sie ein neues Zuhause für sie finden.

WICHTIG

Es empfiehlt sich, den Welpen immer wieder mit anderen Hunden zusammenzubringen, z. B. durch das häufige Besuchen einer Hundewiese. So kann er Kontakt zu Artgenossen haben und seine Kräfte richtig einschätzen lernen.

Der Golden und andere Haustiere

Golden Retriever sind nicht nur – wie übrigens die meisten Jagdhunde – ausgesprochene Menschenfreunde, sondern sie können sich auch mit Haustieren »fremder« Arten gut arrangieren.

Sie gelten ihnen als Familienmitglieder ganz unten in der Hierarchie, die den Schutz des Territoriums unter der Autorität des »Alphatieres« genießen. Am besten sollte sich der Welpe schon von klein auf an die Mitbewohner gewöhnen. Nicht selten entsteht daraus eine innige, lebenslange Freundschaft zwischen den Tieren. So manche Miezi hat schon Goldies Herz im Sturm erobert. Ähnliches gilt auch für Kleinsäuger und Vögel. Dennoch: lassen Sie die Tiere lieber nicht alleine in einem Raum – sie sprechen nun einmal verschiedene Sprachen! Mäuse und Vögel könnten unter Umständen den Jagdtrieb des Hundes wecken. Für Katzen und andere Tiere, die nicht zur Familie gehören und »draußen« angetroffen werden, kann nur dann garantiert werden, wenn der Golden den Befehl »Hierher!« nicht nur kennt, sondern auch befolgt.

Womit Sie rechnen müssen

Ganz ohne finanziellen Aufwand ist die Anschaffung und Haltung eines Golden Retriever natürlich nicht zu bewerkstelligen. So sollte eine Familie, die sich einen vierbeinigen Begleiter ins Haus holt, bedenken, dass neben einmaligen Ausgaben auch regelmäßige Kosten auf einen Hundebesitzer zukommen

Stabile Leine und Halsband

Kosten

Zunächst kostet schon der reinrassige Golden-Welpe etwa um 2000 DM (1020 €). Hinzu kommt die Anschaffung von sämtlichem wichtigen Zubehör. Gelegentlich muss das eine oder andere auch ersetzt werden. Regelmäßige Tierarztbesuche mit Impfungen und Kontrolluntersuchungen sowie eventuellen anderen notwendigen Behandlungen müssen ebenfalls mit eingeplant werden. Außerdem natürlich die Hundesteuer, Versicherungs- und Futterkosten.

Hundekorb mit waschbarer Einlage

Das kostet ein Golden Retriever

	Einmalig	pro Jahr	pro Monat
Grundausstattung	ca. 600–700 DM (ca. 306–357 €)		
Hundesteuer		zw. 25 und 276 DM (zw. 12,75 und 140,76 €)	
Haftpflichtversicherung		ca. 150 DM (ca. 76,50 €)	
Impfungen		ca. 200 DM (ca. 102 €)	
Krankenversicherung		ca. 300 DM (ca. 153 €)	
Futter			zw. 100 und150 DM (zw. 51–76,50 €)

TIPP Als geeignetes Spielzeug kann dem Golden Retriever beispielsweise ein dickes, verkotetes Tauende oder auch ein Produkt aus Hartgummi angeboten werden.

Notwendige Utensilien

Ein Hundefigaro muss der Retriever-Freund nicht werden – und auch nicht täglich mit Kamm und Bürste hantieren. Einmal pro Woche eine gründliche Fellpflege ist beim Golden völlig ausreichend. Die dafür notwendigen Pflege-Utensilien gehören ebenso zur Grundausstattung wie eine geeignete Leine, ein Halsband (am besten aus Nylon oder – für Hunde mit sensibler Haut – aus Leder), Trink- und Fressnäpfe, ein Hundekorb mit Decke oder ähnliches, geeignetes Spielzeug und ein Vorrat an Futter. Auch für das Auto braucht man eine bestimmte Ausstattung, wie beispielsweise ein Autogitter, wenn der Hund im Fond oder Gepäckraum sitzen soll. Empfehlenswert ist auch ein stabiler Hunde-Sicherheitsgurt.

Strapazierfähige Spielsachen für Ihren Goldie.

Viel Zuwendung und gutes Futter

Golden Retriever stellen in Hinblick auf Futter und Pflege keine hohen Ansprüche an ihre Menschen, wesentlich höhere dagegen an dessen soziale Funktion. Was kann schöner sein, als eine ausgiebige Schmusesstunde mit Herrchen oder Frauchen? Zuwendung erhält und festigt die Freundschaft, und fördert Goldies Wohlbefinden.

Zur artgerechten Haltung gehört auch Beziehungspflege. Herzliche Umarmungen kommen beim Goldie besonders gut an.

Nützliches lässt sich beim Golden hervorragend mit dem Angenehmen verbinden. So mancher Futterbrocken wird zur Belohnung, aus der notwendigen Fellpflege werden genüssliche Streicheleinheiten. Bald entsteht eine vertraute Routine, die für Mensch und Hund zum lieb gewonnenen Ritual werden kann.

Mit Maß und Ziel

Dabei noch ein Wort zu den »Leckerlis«: Futter ist niemals Ersatz für liebevolle Zuwendung oder ein ausgesprochenes Lob. Lob und Leckerei (vorzugsweise speziell für Hunde hergestellte Produkte) als besondere Anerkennung für eine Leistung des Hundes sind zwar in Ordnung, aber nur solange sich das Tier sich nicht daran gewöhnt, für jedes freundliche Schwanzwedeln mit Belohnungshappen voll gestopft zu werden. Golden Retriever haben einen scheinbar unstillbaren Appetit und können gerade zu unglaublich gierig und verfressen sein. Deshalb sollte man die Leckerbissen in wohldosiertem Maße und ganz gezielt füttern und bei der täglichen Futtermenge gerücksichtigen. Ein dicker, übergewichtiger Golden ist nicht nur weniger hübsch anzusehen, sondern bekommt vor allem auch schnell gesundheitliche Probleme.

Fell- und Körperpflege

Wie bereits erwähnt ist die Pflege des Golden Retriver nicht allzu aufwändig. Zwar ist sein Fell mittellang, doch äußerst unkompliziert. Einmal pro Woche sollte es dennoch gekämmt und mit einem Hundehandschuh oder dergleichen durchgestriegelt werden. So entfernen Sie lose Haare und können den Golden bei dieser Gelegenheit gleich auf Parasiten oder kleinere Verletzungen untersuchen. Baden sollten sie den Golden möglichst nie, besonders nicht mit Shampoo, da dies den natürlichen Schutzfilm des Haares angreift. Ist eine solche »Generalreinigung« nach einem Schlammspaziergang dennoch notwendig, dann duschen Sie den Hund in der Badewanne lauwarm ab und frottieren ihn sorgfältig trocken. Weil die meisten Golden ihre Fellpflege genießen, kann der liebevolle Besitzer sein Tier auch durch tägliches Bürsten erfreuen. Am besten geeignet sind Bürsten mit Naturborsten. Bei Drahtborsten müssen die Enden abgerundet sein. Lassen Sie sich im Fachhandel beraten. Durch die verstärkte Hautdurch-

Das notwendige, regelmäßige Bürsten des Fells genießt ein Golden Retriever wie Streicheleinheiten.

blutung nach dem Bürsten bekommt er auch noch ein schöneres Fell. Verfilzungen im Fell schneiden Sie am besten regelmäßig heraus.

ACHTUNG

Das Krallenschneiden sollte man sich unbedingt vom Tierarzt zeigen lassen, bevor man sich selbst daran wagt. Verletzte Blutgefäße bereiten dem Hund Schmerzen!

Augen und Ohren

Des Öfteren sollten die Ohren des Golden inspiziert werden. Zeigt sich Ausfluss oder stellen Sie einen strengen Geruch fest, muss der Tierarzt aufgesucht werden. Ansonsten reicht ein gelegentliches feuchtes auswischen des Außenohres und der Ohrunterseite mit einem Tuch, auf keinen Fall Wattestäbchen verwenden! An das tiefere Ohrinnere darf nur der Tierarzt! Entstandene Filzklumpen in den langen Haaren um die Behänge werden auch hier durch Herausschneiden entfernt. Bei den Augen genügt es – wenn nötig – Schmutzpartikel in den Augenwinkeln mit einem angefeuchteten Papiertaschentuch oder einem weichen, sauberen Tuch zu entfernen.

Kauartikel für die Zahnpflege

Krallenpflege

Läuft Ihr Golden viel auf weichem Boden und nur selten auf hartem Untergrund, kann es unter Umständen zu verstärktem Krallenwachstum kommen. Für das Schneiden der Krallen gibt es spezielle Zangen, mit denen das Horn gut gekappt werden kann. Man muss dabei sehr vorsichtig vorgehen, um die Blutgefäße nicht zu verletzen. Bei so hellen Hunden wie dem Golden sind diese zwar in den hellen Krallen gut sichtbar, dennoch ist Umsicht geboten.

Zahnpflege

Die Zähne kann der Hundebesitzer vor allem in Form einer ausgewogenen und gesunden Ernährung seines Tieres pflegen. Eine regelmäßige Gabe von geeigneten Kauknochen und harten Hundekuchen beugt ebenfalls Zahnerkrankungen vor. In manchen Fällen wird vom Tierarzt auch Zähneputzen verordnet.

Der Futterplan

Golden sind keine heiklen Fresser. Das beginnt schon beim Welpen. Der neue Besitzer sollte sich deshalb zunächst an das Futter und den Futterplan halten, die der Züchter empfohlen hat. Meist werden es wohl Fertigprodukte (z. B. Welpenmilch und Welpenbrei) sein, später dann Dosenfutter. Junge Welpen bekommen mehrmals am Tag etwas zu fressen, erwachsene Hund 1–2 mal. Bei älteren Hunde empfiehlt es sich, wieder öfter zu füttern. Wie viel, d. h. welche Menge der Hund benötigt hängt sowohl von der Art der Nahrung als auch von der Größe und Belastung des Hundes ab. Ob Sie richtig füttern erkennen Sie daran, dass Ihr Hund weder zu dünn, noch zu pummelig wirkt. Die Rippen sollte man nicht unbedingt deutlich sehen, doch sollten sie unter dem Fell mühelos fühlbar sein.

Aus Futternäpfen in Schnauzenhöhe frisst es sich bequemer. Der Hund muss die Beine nicht verdrehen.

Fertigfutter

Über den Wert von Fertigfutter, ob trocken oder feucht – kann es heute eigentlich kaum noch Diskussionen geben. Es ist wissenschaftlich exakt untersucht und wird bei der Produktion kontrolliert. Natürlich gibt es auch hier »gute« und »weniger gute«, aber generell leisten sie gute Dienste und bieten für Hunde jeden Alters alle notwendigen Nahrungsbestandteile (Kaloriengehalt, Vitamine, Mineralstoffe). Trockenfutter darf niemals ausschließlich gefüttert werden, weil das zu Nierenschäden führen kann. Für den Hund muss immer ausreichend Trinkwasser bereitstehen!

Achtung

Nie gleich nach dem Fressen spazieren gehen! Man sollte den Hund mindestens 1 Stunde ruhen lassen, um das Risiko einer Magendrehung zu vermeiden (siehe Seite 55).

Frischkost

Wer – trotz der bewährten Fertigfutter – einen Zeit- und Kostenaufwand nicht scheut und den Speiseplan seines Golden selbst zusammenstellen möchte, sollte auf die richtige Kombination achten und sich genau informieren. Auf keinen Fall Schweinefleisch- oder Knochen füttern! Dies kann die für Menschen ungefährliche, für Hunde jedoch tödliche Aujeszkysche Krankheit auf das Tier übertragen.

Zusatzfutter

Empfohlen wird von vielen Züchtern eine Mischernährung von fleischhaltigem Dosenfutter und Hundeflocken mit hohem Kohlehydratgehalt. Die Flocken immer feucht anrühren und auch hier stets den Trinkwasserbedarf des Hundes befriedigen. Unbedingt beachten: Steht auf einer Futterpackung »Alleinfutter«, so sollten Sie auch wirklich keine zusätzlichen Vitamine oder Mineralstoffe mehr hinzugeben, denn diese sind dann bereits in den richtigen Bestandteilen enthalten!

Futterplan für Ihren Golden Retriever

Alter	Verteilung auf den Tag
8–12 Wochen	4 Mahlzeiten
3–7 Monate	3 Mahlzeiten
7–12 Monate	2 Mahlzeiten
ab 1 Jahr	1 o. 2 Mahlzeiten
ab 8 Jahre	2–3 Mahlzeiten

Freizeit und Urlaub

TIPP Dummys können Sie leicht selbst herstellen: Ein mit Quarzsand Heu oder Strohpellets gefüllter Wollsocken oder Handschuh leistet gute Dienste

Golden Retriever sind »Arbeitstiere« und wollen beschäftigt werden. Sie brauchen eine Aufgabe, denn sinnloser Müßiggang frustriert sie – und Golden-Frust kann z. B. zu einem angenagten Wohnzimmerteppich oder nervigem Herumbellen führen. Spaziergänge, verbunden mit Apportierübungen, Jogging oder kleine Fahrrad-Touren schaffen Abhilfe und geben dem Golden etwas zu tun.

Hundesport

Empfehlenswert sind Ausbildungsgänge, bei denen Hund und Mensch intensiv gemeinsam tätig sind. Da bieten sich z. B. die Begleithundprüfung 1 und 2, aber auch Agility an. Letzteres verknüpft vor allem Geschicklichkeits- und Gehorsamsübungen und fordert sowohl Hund wie Herrchen. Das Tier geht ohne Leine über einen Parcour und wird von dem nebenher laufenden Besitzer nur durch Kommandos gelenkt.

ACHTUNG

Fahrrad fahren und Joggen nicht übertreiben: nur in gemächlichem Tempo und niemals zu lange! Golden unter 2 Jahren dürfen überhaupt noch nicht neben dem Fahrrad herlaufen, denn sie befinden sich noch in der Wachstumsphase.

Goldies sind sehr apportierfreudig. Dieser »Jagdinstinkt« kann auch spielerisch genutzt werden.

Genauere Infos erhalten Sie unter anderem beim Verband für das Deutsche Hundewesen (VDH).Wer seinen Golden übrigens jagdlich ausbilden lassen möchte, der kann sich an den Jagdgebrauchshundverband e. V. wenden. (Sämtliche Anschriften finden Sie auf Seite 62.) Jagdähnliche Erlebnisse – Suche, Apportieren, etc. – vermitteln dem dafür äußerst begabten Golden auch so genannte Dummy-Prüfungen. Dummys sind Gegenstände, die das tote Wild darstellen. Bei der Prüfung muss der Golden Retriever nun nach ganz bestimmten Regeln die »Beute« auffinden und herbeibringen.

ACHTUNG

Ein Sommerurlaub in heißen Ländern ist nicht unbedingt nach Goldies Geschmack, denn Retriever können recht hitzeempfindlich sein – ihre Ahnen stammen schließlich aus den nass-kühlen Wäldern Kanadas.

Immer dabei

Für die meisten Hundebesitzer wird es selbstverständlich sein, ihren Liebling auch im Urlaub dabei zu haben. Führt die Reise ins Ausland, ist ein Internationaler Impfpass erforderlich, oft auch ein amtstierärztliches Attest über Tollwut-Impfungen. Einige Länder bieten sogar schon spezielle Unterkünfte mit besonderem Service für Gäste mit Hunden an. Führend ist dabei Österreich.

Den schönsten Urlaub bereiten Sie Ihrem wasserverrückten Goldie an einem See oder am Meer.

Ausstellung und Zucht

Als ein schottischer Lord in Jahre 1868 seinen Retriever-Rüden »Nous« mit der Tweed-Water-Spaniel-Hündin »Belle« paarte, erschuf er den Golden Retriever. Danach allerdings dauerte es noch einige Zeit, bis er dem Hund glich, den wir kennen. Irish Setter und wahrscheinlich auch Bloodhounds wurden (sehr zum Missfallen vieler Fachleute) eingekreuzt und erst 1920 erhielt die Rasse ihren Namen, unter dem er uns heute bekannt ist: Golden Retriever. Je nach persönlichem oder zeitgenössischem Geschmack wurden künftig Golden in Richtung »Hell« oder »Dunkel« – erneut oft durch Einkreuzungen – verpaart. Eine Manipulation um einer Äußerlichkeit Willen, doch erstaunlicherweise hat die stabile Rasse die genetischen Spielereien ohne gravierende Schäden überstanden. Einer der Gründe dafür ist sicher, dass sich Golden-Züchter stets als Bewahrer eines Typs und Charakters verstanden, als Liebhaber eines Ideals, dessen Standard schon früh feststand und seither nicht wesentlich geändert wurde. Erst die

Dieses Prachtexemplar hat sicherlich gute Chancen, auf Ausstellungen einen Preis zu gewinnen.

»Massenproduktion« verantwortungsloser Züchter in den letzten Jahren bedrohen die Rasse, gefährden deren physische Gesundheit und die hervorragenden Wesensmerkmale.

Die Vereine

Im vergangenen Jahrzehnt setzte sich auch im Deutschen Retriever Club (DRC) und im Golden Retriever Club (GRC) die Erkenntnis durch, dass eine nur auf äußere Merkmale hin erfolgende Zucht, ein »Mendeln« nach möglicherweise vorhandenen, erwünschten Eigensschaften, sinnlos ist. Das garantiert weder Stabilität noch Gesundheit noch Charakter. Für anerkannte Züchter im DRC und GRC gilt nun: Zur Zuchttauglichkeit gehört nicht nur eine dem Standard entsprechende Statur, sondern auch ein dem idealen Wesen des Golden entsprechendes Verhalten. Das nicht unumstrittene Verfahren bietet Käufern und Liebhabern einen doppelten Schutz, einmal für die körperliche Gesundheit und zum anderen für das freundliche Wesen des Golden.

Wer gewinnt einen Preis?

Wie bereits erwähnt, werden nur Hunde zur Zucht zugelassen, die bestimmte charakterliche und äußere Eigenschaften aufweisen. Diese sind in ihrem FCI-Standard (siehe Seite S. 16/17) festgelegt. Soll ein Golden einen Preis auf einer Ausstellung holen oder will man züchten, so gilt es also, einige Kriterien zu erfüllen. Für alle Körperteile, das Haarkleid, die Farbe und die Größe gibt es ein Ideal, an das der Hund möglichst nahe heranreichen sollte. Sogar Gangart und Bewegung werden bewertet. Als Fehler wird jede Abweichung von den festgesetzten Normen angesehen.

Wollen Sie selbst eine Zucht eröffnen, so brauchen Sie natürlich nicht nur die Hunde, sondern auch die optimalen Voraussetzungen. Einfach so mal schnell ein paar Hunde züchten, das geht nicht. Genügend Platz muss vorhanden sein, damit der Mutter und den Welpen eine vorbildliche Zuchtanlage gewährleistet werden kann. Gute Nerven, viel Zeit und die finanziellen Mittel muss man ebenfalls aufbringen, um für das Wohlergehen seiner Tiere zu sorgen zu können. Und natürlich muß man sich vorher sehr genau über alle Anforderungen, die an einen Züchter gestellt werde, informieren.

INFO

Die Preise für die Welpen, beim Golden etwa zwischen 1600 und 2200 DM (818 und 1122 €), sind kein Verdienst für den Züchter, sondern reichen gerade, um die Tiere gut versorgen zu können.

ACHTUNG

Beim Hundekauf beachten: Züchter, die ihre Tiere einem gewerbsmäßigen Hundehändler zum Verkauf anvertrauen, haben kein liebevolles Verhältnis zu den Tieren. Diese Züchter. sind mehr oder weniger nur Produzenten einer Ware.

Der Hund und sein Mensch

Mensch und Hund sind zwei völlig artverschiedene Lebewesen. Dennoch leben sie seit Tausenden von Jahren zusammen. Möglich ist dieses Miteinander in erster Linie durch ihre auf unterschiedlichem Niveau ähnliche Sozialstruktur. Und die hat mit Sicherheit beiden Arten einen Gewinn an Versorgung und Schutz gebracht.

Damit Goldie auch den kleinen Familienmitgliedern gehorcht, müssen sie sich an der Erziehung des Hundes beteiligen.

Die Erwartungen des Menschen an das Tier haben sich im Laufe der Geschichte verändert und zum Teil bis ins Symbolische verfeinert. Zwar ist uns der Hund noch heute Begleiter bei der Jagd und Beschützer unseres Besitzes, doch hat er heute noch viel mehr Aufgaben: er ist »Polizist«, wichtiger Helfer bei Katastrophen, zuverlässiger Begleiter von Sehbehinderten und Gehörlosen – und vor allem unentbehrlicher, treuer Freund in allen Lebenslagen.

Geschäft auf Gegenseitigkeit

Grundlage dieses »Geschäftes« zwischen Hund und Mensch, sind der Wunsch des Hundes, sich in eine soziale Gemeinschaft einzugliedern, seine Fähigkeit, sich uns mitzuteilen und seine Intelligenz, im Gegenzug unsere Mitteilungen richtig zu deuten. Der Mensch bietet dem Hund als Gegenleistung akzeptable Lebensumstände und Sicherheit in einem klaren Sozialgefüge. Damit dieses Verhältnis zur beiderseitigen Zufriedenheit funktioniert, müssen beide ein wenig von der Sprache des anderen erlernen. Beim Hund heißt das Erziehung, für den Menschen bedeutet es Beobachtungsgabe und Einfühlungsvermögen in die Bedürfnisse und Verhaltensmuster des Hundes.

Die Welt des Golden Retriever

INFO

Folgende Eigenschaften zeichnen den Golden aus jagdlicher Sicht aus:

- Führigkeit
- Bindung an den Herrn
- Eine gute Nase
- Aufmerksamkeit
- Wesenssicherheit
- Stöbertrieb
- Bringtrieb

Dem Mensch als »Augentier« wird immer wieder der Hund als »Nasentier« gegenübergestellt. Das ist in sofern richtig, als Hunde Duftstoffe aus ihrer Umwelt bis zu hundert Millionen Mal besser aufnehmen und orten können, als wir. Doch auch Augen und Ohren sind empfindsamer als die entsprechenden menschlichen Sinne. Hundeaugen erfassen selbst kleinste Bewegungen, die uns Menschen leicht entgehen, Hundeohren können Tonfrequenzen wahrnehmen, die wir Menschen schon längst nicht mehr hören können.

Kombinationsgabe

Je nach Rasse wurden im Laufe der Nutzhundzucht die phänomenalen Fähigkeiten als Zuchtziele noch weiter betont. So entstanden »Spezialisten« wie zum Beispiel Jagdspürhunde mit ganz besonders feinen Nasen. Der Golden ist ein »Nasenhund«, der zusätzlich Augen und Gehör einzusetzen lernte. Ein Hund also, dessen kompletter Sinnesapparat außerordentlich leistungsfähig ist. Typisch dabei ist für den Golden Retriever, dass er Meldungen eines Sinnesorgans mit denen anderer Sinne kombinieren kann und daraus die für sein eigenständiges Handeln richtigen – richtig im Sinne von uns Menschen – Folgerungen zieht. Das ist eine außerordentliche und herausragende Fähigkeit!

Die Sinne des Golden

Sorgfältiger Zuchtauswahl ist es zu verdanken, dass Hunde dieser Rasse heute besondere Leistungen bringen können. Golden haben beispielsweise im Vergleich zu vielen anderen Hunderassen ein sehr breites und großes Blickfeld. Sie können selbst geringe Duftspuren eindeutig finden. Dafür besitzen Hunde ein bestimmtes Hirnteil, das zehnmal so groß ist, wie die entsprechende Region beim Menschen. Außerdem sind unsere goldenen Allrounder in der Lage, aus einem Geräuschpegel wichtige akustische Signale besser und aus größerer Entfernung (als es dem Menschen möglich ist) herauszufiltern und diese klarer (als manche anderen Hunderassen) zu definieren. Dazu kommt die dem Golden wohl inzwischen angeborene Kombinationsgabe, die ihn Eindrücke aller drei Sinne in vom Menschen befohlene bzw. erwünschte Verhaltensweisen umsetzen lässt. Diese genaue Sicht der ihn umgebenden Welt macht den Golden zu einem hochtalentierten Generalisten.

All diese wunderbaren Veranlagungen bringt ein kleiner Welpe als »Mitgift« mit in sein neues Zuhause. Nun braucht er neben guter Pflege und einer speziell auf seine Bedürfnisse abgestimmten Ernährung eine ebenso konsequente wie liebevolle Erziehung, die sich seine Begabungen zu Nutzen macht und fördert.

Eine gute Sozialisierung im Welpenalter ist Voraussetzung dafür, dass all diese positiven Eigenschaften und Veranlagungen auch richtig zum Tragen kommen. Lassen Sie ihn seine Umwelt erkunden, Geräusche und Gerüche kennen lernen, auch die Begegnung mit anderen Menschen außerhalb seines »Rudels« ist wichtig für ihn. Besuchen Sie gute Freunde mit ihm, doch erst, wenn er stubenrein ist – damit die Freundschaft nicht darunter leidet. Seien Sie immer bei ihm. Das gibt dem Kleinen Sicherheit.

INFO

Hunde hören selbst Frequenzen bis zu 80 000 Schwingungen pro Sekunde, Menschen vernehmen schon jenseits der 20 000 nichts mehr.

Hunde erkennen ihre Umwelt vor allem am Geruch. Die feine Nase ist ihr wichtigstes Sinnesorgan.

Früh übt sich ...

Ein Welpe muss Erfahrungen sammeln und sie verwerten. Und er muss lernen, viel lernen. Er soll stubenrein werden, brav an der Leine gehen und möglichst bald herkommen, wenn er gerufen wird. Für den kleinen Golden sind das neue Gebote und Verbote, die er verinnerlichen muss. Seine neue Familie wird es sicherlich einiges an Geduld und Nerven kosten, den kleinen Kerl zu erziehen, doch im Grunde macht der Golden seinen Besitzern dieses Vorhaben recht leicht. Schon als Welpe lässt er sich durch Tonfall und Lautstärke dirigieren. Wie alle Welpen will er nur eines: alles richtig machen und seinem »Rudelboss« gehorchen. Allerdings reichen Sanftmut und Liebe als Erziehungsprinzipien selbst beim Golden nicht aus, denn so leicht er zu erziehen ist, so einfach kann man ihn auch verziehen. Sie als Besitzer müssen konsequent sein – und Sie müssen den Ton angeben. Besuchen Sie mit ihm eine Welpenschule, in der er den Umgang mit anderen Artgenossen lernt und auch schon einige Grundregeln.

In einer Welpenschule lernt der Kleine erste Grundregel und den Umgang mit anderen Hunden.

Stellung in der Familie

Wer ist hier der Boss? Das ist für den Welpen die entscheidende Frage, und sie muß deshalb eindeutig und klar beantwortet werden. Der Hund muss wissen, wer das »Alphatier« unter den Menschen ist. Was ist erlaubt, was verboten? Damit der Welpe – der ja bei »seinen« Menschen voraussetzt, dass sie wie Hunde denken und handeln – die neuen Spielregeln versteht und sich der Führung des Rudels anvertrauen kann, muss er sich zuallererst seiner Stellung im Rudel bewusst und auch sicher sein.

ACHTUNG

Schimpfen Sie nie mit Ihrem Welpen, wenn ihm einmal ein Malheur in der Wohnung passiert. Er würde die Bestrafung nicht mit dem unliebsamen Häufchen oder Pfützchen auf dem Teppich in Verbindung bringen, sondern nur verstört und misstrauisch werden.

Stubenreinheit

Welpen entleeren sich immer, wenn sie nach einer Schlafphase aufwachen oder einige Zeit nach einer Mahlzeit. Führen sie den Hund dann konsequent an einen dafür vorgesehenen Ort außerhalb des Hauses oder der Wohnung. Loben sie den kleinen Kerl immer ausgiebig, wenn er daraufhin sein »Geschäft« am richtigen Plätzchen erledigt. Dies wird ihn anspornen, sich künftig in der von ihnen gewünschten Weise zu verhalten. Sagen Sie bei den ersten Anzeichen der Entleerung noch dazu ein aufforderndes Wort, so wird er es bald mit diesem Vorgang in Verbindung bringen.

WICHTIG

Länger als 4 Stunden sollte Ihr Hund nicht regelmäßig alleine bleiben, auch nicht im Garten. Als Rudeltier fühlt er sich sonst einsam und kann seelisch verkümmern.

Goldie alleine zu Hause

Bereits früh sollte der junge Hund lernen, auch einmal alleine zu Hause zu bleiben und sich dabei ruhig zu verhalten. Das üben Sie am besten, wenn Ihr Golden gerade müde vom Spielen oder Spazierengehen in seinem Körbchen liegt. Entfernen Sie sich, ohne ihn aufmerksam zu machen. Wird er dennoch wach und will Ihnen folgen, setzen Sie ihn sooft in sein Körbchen zurück, bis er darin bleibt. Gehen Sie dann für etwa 5 Minuten weg und loben ihn ausgiebig, wenn er nach ihrer Rückkehr noch an seinem Platz liegt. Kommen Sie aber nicht angelaufen, wenn er laut bellend protestiert. Hat er jedoch irgendetwas angstellt (ein Pfützchen, am Teppich nagen etc.), ignorieren sie es, legen den Hund zurück in sein Körbchen und versuchen es erneut. Er wird schnell verstehen, dass sein Ruhigbleiben während Ihrer Abwesenheit mit einer freudigen Begrüßung belohnt wird.

Die Grundregeln

Zwischen der achten und zwölften Lebenswoche ist der Welpe am lernfähigsten. In diese Zeit fallen auch die entscheidenden Prägeerlebnisse, die später die Intensität der Bindung des Hundes an seine Menschen bestimmen. In dieser Zeit werden aber auch die Grundlagen für weitere Lernfähigkeit geschaffen. Zunächst sollte der Welpe die wichtigsten Grundregeln erlernen. Welche Erziehungsmethode von den vielen man dabei anwendet, kommt auf die Persönlichkeit von Hund und Herrchen an. Wichtig aber ist immer: Statt Strenge und Strafen für »Fehler« lieber Konsequenz, Belohnung und liebevolles Lob für richtiges Verhalten! Verwenden Sie immer eindeutige, kurze Hörzeichen, an die sich Ihr Hund schnell gewöhnt.

INFO

Viele Hundevereine bieten Erziehungskurse an, die nicht an eine Mitgliedschaft gebunden sind. Für Hundeanfänger ist es empfehlenswert, sich von Profis zeigen zu lassen, wie man einen Hund richtig erzieht.

Leinenführigkeit

Von Anfang an muss der Welpe lernen, an der Leine zu gehen. Das geschieht am leichtesten, wenn das erste Halsband und die erste Leine möglichst leicht sind. Auch darf sich damit kein Zwang verbinden, das Tier sollte zum Mitgehen positiv animiert werden, z. B. mit gutem Zureden und »Leckerlis«. Üben Sie zunächst in der Wohnung, erst später im Freien. Ermuntern Sie ihn mit der Stimme, Ihnen zu folgen. Zerrt er an der Leine, sagen Sie ruhig »Langsam!« und straffen die Leine oder bleiben stehen. Nie nachgeben! Bleibt er stehen oder setzt sich hin, so locken Sie ihn oder nehmen ihn – wenn er sich stur zeigt – beim Nacken und stupsen ihn vorwärts. Bleiben Sie konsequent.

»Komm!«

Eine der Grundlektionen ist auch das Kommen auf Zuruf. Auch hier ist der Hundelehrer am erfolgreichsten, wenn er den Befehl und die Ausführung mit einer Belohnung verknüpft. Üben und verstärken Sie das Hörzeichen »Komm!« oder »Hierher!«, wenn der Hund draußen herumtollt, in dem Sie Ihren Golden rufen und sich gleichzeitig von ihm abwenden oder sich niederknien (so wirken Sie kleiner und für den Hund weiter weg). Er wird angerannt kommen, weil er bemerkt, dass Sie sich von ihm entfernen. Rufen Sie das Hörzeichen auch, wenn er einmal von selbst auf Sie zukommt, dann wird der Welpe den Befehl mit seinem Tun verbinden. Freuen Sie sich und loben Sie ihn jedes Mal überschwenglich, wenn er kommt.

»Sitz!« und »Platz!«

Auch für das Erlernen dieser Grundregel gibt es verschiedene Möglichkeiten. Beispiele: Üben Sie das Sitzen, indem Sie warten, bis sich Ihr Golden von selbst hinsetzt, und geben Sie ihm gleichzeitig das Kommando. Oder drücken Sie leicht die Kruppe des Welpen hinunter und loben ihn kräftig, wenn er dem sanften Druck nachgibt und sich setzt. Legt er sich hin, so erhält er kein Lob! Beherrscht der kleine Golden erst einmal »Sitz!«, so kann »Platz!« folgen. Lehren Sie es ähnlich wie das Sitzen. Wenn er sich legt oder Sie ihn z. B. durch Leckerbissen dazu gebracht haben, so sagen Sie »Platz!«. Erzwingen Sie aber nichts mit Gewalt! Machen Sie ihm das Üben der Grundregel schmackhaft, denn nur dann wird er sie später gerne ausführen und nicht als Strafe empfinden.

WICHTIG

Alle erlernten Übungen müssen Sie ein Hundeleben lang mit Ihrem Vierbeiner üben, bei jedem Spaziergang.

Auch wenn Frauchen sich ein wenig entfernt hat, muss der Hund ruhig sitzen bleiben.

Vorsorge und Behandlung

Damit der Golden das volle Maß seiner Jahre erreichen kann, muss der Besitzer nicht nur für eine optimale Ernährung und Pflege sorgen, sondern auch möglichen Krankheiten vorbeugen, sie verhindern oder sie gründlich auskurieren. Gesundheit fängt für den Welpen beim Züchter an.

Die wichtigste Vorsorge ist eine artgerechte Haltung. Beim Golden Retriever gehören Ausflüge ins nasse Element unbedingt dazu.

Wenn Sie einen verantwortungsvollen Züchter gewählt haben, der seine Welpen bis zur achten Woche bereits viermal entwurmt hat, damit Spul- oder Bandwürmer keine Chance hatten, den Organismus des Hundebabys zu schwächen, dann haben Sie und Ihr Golden schon einmal eine gute Basis. In Abständen müssen nun auch Sie mit den Wurmkuren fortfahren und auch sonst dafür Sorge tragen, dass Ihr neues Familienmitglied unter optimalen Bedingungen aufwachsen kann.

Ein gesundes Leben

Den meisten Krankheiten kann man allein durch die richtige Pflege im Alltag vorbeugen. Besonders wichtig sind für einen Hund ausgewogene Ernährung und viel Bewegung, denn die sorgen nicht nur für eine gute Verdauung, sondern tragen außerdem zu einer allgemeinen guten Konstitution Ihres Golden bei. Geeignete Kauknochen vermindern zudem Zahnprobleme und bei regelmäßige Fellpflege werden Hautkrankheiten oder Parasiten frühzeitig entdeckt und können vom Tierarzt gut behandelt werden. Regelmäßige Impfungen gehören natürlich auch mit dazu, will man seinen vierbeinigen Freund möglichst gesund durch sein Hundeleben geleiten.

Impfungen

Bei allen Krankheiten, gegen die eine Impfung möglich ist, muß diese als Grundimmunisierung ca. in der 8., der 12. und der 16. Lebenswoche der Welpen erfolgen. Danach ist sie alljährlich aufzufrischen, denn vor allem Infektionskrankheiten, die durch Viren oder Bakterien verursacht werden, können für Hunde gefährlich sein.

WICHTIG

Durch den Verzehr von rohem Fleisch, vor allem Geflügel, oder dem Kontakt mit Tauben- oder Entenkot kann es zu einer Infektion mit Salmonellen (Salmonellose) kommen. Die Krankheit bricht oft nicht aus. Symptome: u. a. Brechdurchfall, Apathie, Fieber. Eine Impfung gibt es nicht, Behandlungen mit Antibiotika sind meistens erfolgreich.

Infektionskranheiten

Gegen viele Infektionskrankheiten gibt es heute Impfstoffe, die den Hund immun machen und einen umfassenden Schutz gewährleisten. Zu diesen Krankheiten gehören Staupe, Hartballenkrankheit (aggressive Form der Staupe), Parvovirose (»Katzenseuche«), Hepatitis contagiosa canis, Leptospirose und natürlich auch die Tollwut. Besonders seit in den letzten Jahren aus dem ehemaligen Ostblock immer mehr nicht geimpfte »Rassehunde« in den Westen verkauft werden, ist speziell die Staupeimpfung wieder sehr wichtig geworden.

Borreliose

Seit einigen Jahren hat sich in Europa Borreliose immer weiter vom Süden her in den Norden verbreitet. Es handelt sich dabei um eine Bakterienerkrankung, die hohes Fieber verursacht, Gelenke und innere Organe schädigt und ohne Behandlung oft tödlich verläuft. Diese Krankheit wird von Zecken übertragen und ist sowohl für die Tiere als auch für Menschen sehr gefährlich. Seit einiger Zeit kann man Hunde (und Katzen) dagegen impfen. Ein Impfstoff für Menschen gibt es noch nicht

IMPFPLAN

Krankheiten	Erstimpfung	Wiederholung	Folgeimpfungen
Staupe	ab 6. Woche	10. Woche	jährlich
Leptospirose	ab 8. Woche	2. Woche	jährlich
Hepatitis	ab 8. Woche	12. Woche	jährlich
Parvovirose	ab 6. Woche	10,/16. Woche	jährlich
Tollwut	16. Woche		jährlich

Parasiten

Auch bei bester Pflege, einwandfreiem Futter und hygienischer Haltung sind Parasiten nicht immer zu vermeiden. Diese können Krankheiten übertragen und müssen bekämpft werden.

Spulwurm

Würmer

Häufige so genannte Endeo-Parasiten, die Hunde befallen, sind die Spulwürmer. Symptome dafür sind beispielsweise starkes Haaren, stumpfes Fell, Durchfall und Müdigkeit. Bei starkem Befall sind die Würmer im Kot des Hundes als ca. 2–3 cm lange Fäden zu erkennen. Desweiteren ist ein Befall des Tieres mit Hakenwürmern oder auch Bandwürmern möglich. Letztere können auf den Menschen übertragen werden und müssen mit einer speziellen Wurmkur behandelt werden (Tierarzt fragen!). Auffallendstes Anzeichen: der Hund frisst gierig große Mengen und magert dennoch ab.

Bandwurm

Flöhe

Selbst der gepflegteste Golden kann sich von seinen Hundefreunden oder auch Wildtieren (z. B. Igel) Flöhe einfangen. Ein Flohpulver oder -spray hilft, wenn Sie auch das Hundelager (Decke, etc.) mit desinfizieren. Ein Flohhalsband ist hilfreich, aber wegen der chemischen Belastung nicht als Dauerlösung geeignet. Bei starkem Befall unbedingt den Tierarzt zu Rate ziehen.

Floh

Zecken

Leider ist der Golden mit seinem dichten Fell ein ideales Wirtstier für diese nicht ganz ungefährlichen Parasiten – ein Spaziergang durchs Unterholz kann schon genügen. Besonders bevorzugte Stellen für Zeckenbefall sind z. B. Hals, Kopf und die Schenkelinnenseiten. Sie sollten diese Parasiten unbedingt entfernen und mit einer Zeckenzange oder mit Daumen und Zeigefinger im Uhrzeigersinn komplett herausdrehen, nie abreißen! Ein zurückbleibender Zeckenkopf kann Entzündungen verursachen.

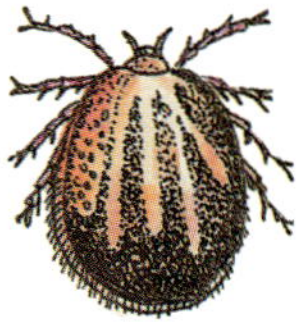
Zecke

Erste Anzeichen erkennen

Fieber misst man bei Hunden im After. Zu zweit geht das besser – einer hält den Hund fest.

Zuweilen zeigt ihr Schützling deutliche Zeichen von Unwohlsein, die Sie vielleicht nicht zu deuten vermögen. Jede Abweichung vom normalen Verhalten oder auch körperliche Veränderungen, die Sie bei ihrem Golden feststellen, sollten sie aber auf jeden Fall aufmerksam machen – sie können auf eine mögliche Krankheit hindeuten. Wenn sie eines oder sogar mehrere Anzeichen über einen längeren Zeitraum hinweg (24 Stunden) beobachten, so muss ein Tierarzt aufgesucht werden. Bei einem starken Auftreten bestimmter Symptome empfiehlt es sich sogar, sich unverzüglich auf den Weg zu machen, um Schlimmes zu verhindern. Je eher ein Leiden erkannt und behandelt werden kann, desto besser für Ihren Golden.

Darauf müssen sie achten

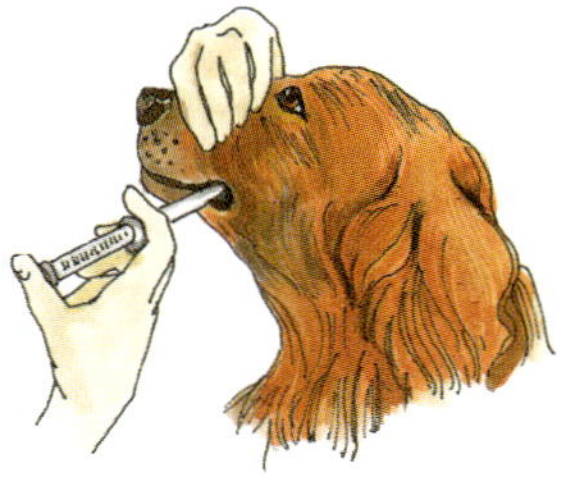

Mit einer Spritze ohne Nadel wird Medizin seitlich in die Schnauze gegeben..

Es gibt einige deutliche Symptome, bei deren Auftreten Sie unbedingt hellhörig werden sollten:

- Fieber (die Normaltemperatur eines gesunden Hundes liegt zwischen 37,5 ° und 38,5 °)
- Häufiges Erbrechen und/oder starker Durchfall, beides eventuell sogar mit Blut vermischt
- Auffallende Blässe bzw. Rötung der Schleimhäute von Rachen und Augen
- Apathie, auffälliges Desinteresse; der Hund wirkt müde, matt und verkriecht sich
- Häufiges Husten und Niesen, evtl. sogar verbunden mit Fieber und Schluckbeschwerden
- Verstärkter Speichelfluss (evtl. mit Durchfall, kann auf Vergiftung hindeuten)
- Auffallend großer Appetit oder auch Appetitlosigkeit
- Besonders häufiges oder zu seltenes Trinken
- Unnatürliche Bewegungsabläufe (Lahmen, Schiefhalten des Kopfes, ständiges Nagen an bestimmten Fellpartien)
- Aufgeblähter Bauch (zusätzlich Erbrechen, Verstopfung deutet auf Magendrehung hin)
- Ausfluss oder unangenehmer Geruch aus den Ohren

Tabletten schiebt man möglichst weit in den Rachen und hält anschließen die Schnauze zu.

Die Hausapotheke

Sämtliches medizinisches Zubehör und alle Medikamente sollten nur in Absprache mit Ihrem Tierarzt in Ihre Hunde-Hausapotheke aufgenommen werden. Eine gut ausgestattete Apotheke gibt Ihnen die Möglichkeit, einige kleinere »Wehwehchen« selbst zu behandeln – was aber natürlich niemals den Besuch beim Tierarzt ersetzten sollte.

Checkliste Hundeapotheke

- Fieberthermometer
- Verbandszeug (Heftpflaster, Mull, Watte, elastische Binden)
- Kleine Schere (zum Entfernen von Haaren bei Verletzungen)
- Pinzette (zum beseitigen von Splittern etc.)
- Zeckenzange
- Alkohol (zum Reinigen u. Desinfizieren von Wunden)
- Vom Tierarzt empfohlene Desinfektionsmittel anderer Art
- Wurmabführpaste, Abführmittel (alles vom Tierarzt)
- Augensalbe und -tropfen, Ohrensalbe und -tropfen

Info

Ihr Hund hat Fieber, wenn er:

- einen trockenen Nasenspiegel
- glanzlose Augen
- und ungewöhnlich warme Ohren hat

Messen Sie bei Verdacht die Temperatur mit einem Fieberthermometer

Einmal im Jahr soll jeder Hund gründlich untersucht werden, am besten vor den Impfungen.

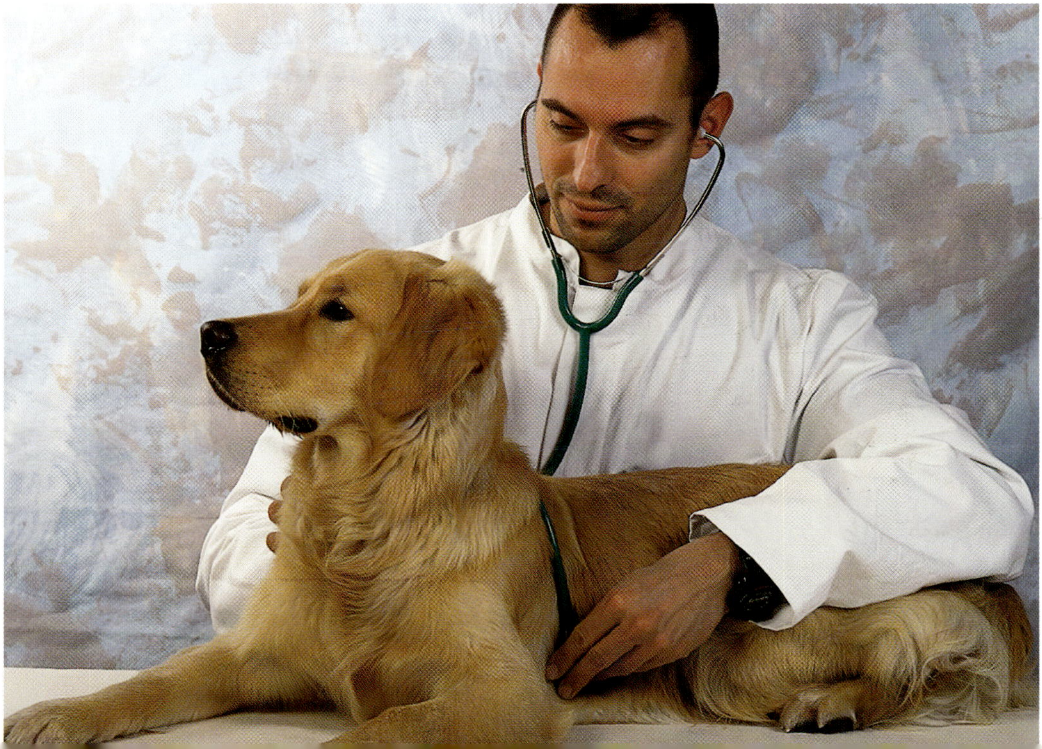

Rassespezifische Krankheiten

Wichtig

Bei der Anschaffung eines Golden sollte sie sich vom Züchter belegen lassen, ob und in welcher Form HD in der Zuchtlinie aufgetreten ist. Eine Garantie dafür, einen HD-freien Hund zu kaufen, ist der Status der Elterntiere aber leider nur bedingt!

Viele Hunderassen neigen heute zu spezifischen Krankheiten. Sie sind »disponiert« dafür, sagt der Fachmann, was bedeutet, dass bestimmte Rassen eine Störung häufiger als andere zeigen. Eine regelrechte Disposition haben Golden eigentlich für keine Krankheit, dennoch tauchen bestimmte nachfolgend aufgeführte Leiden häufiger bei Golden Retrievern auf, als andere Krankheiten.

Hüftgelenksdysplasie (HD)

Eine erbliche Krankheit, bei der sich nach der Geburt des Welpen das Hüftgelenk fehlerhaft entwickelt: Der Bandapparat kann zu locker sein, die Beckenpfanne zu flach oder der darin liegende Oberschenkelhalskopf zu unvollständig. Dies kann durch eine Ursache oder durch eine Kombination mehrerer (wie Vererbung, falsche Ernährung oder zu viel Training) ausgelöst werden. Die Folgen sind u. a. Bewegungsprobleme und Arthrose. Feststellbar ist HD erst durch die Röntgenuntersuchung in einem Alter, in dem das Skelett bereits ausgewachsen ist. Auch züchterische Maßnahmen konnten dieses Leiden bisher noch nicht ganz in den Griff kriegen.

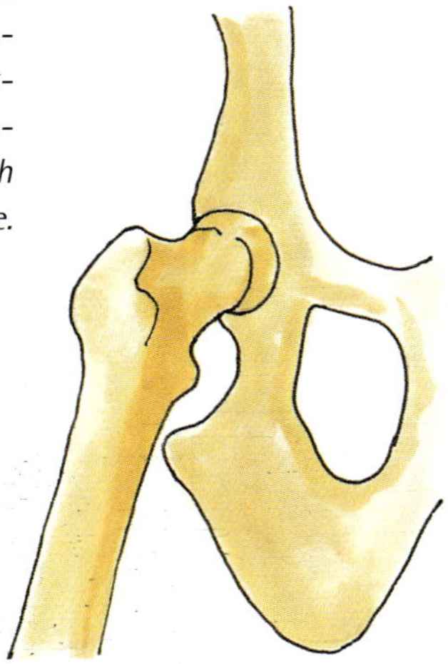

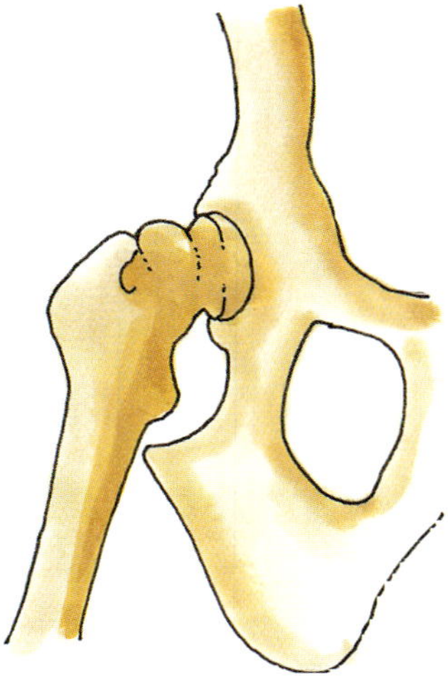

Links: Bei einem gesunden Hüftgelenk passen Gelenkkopf und -pfanne genau ineinander. Rechts: Bei Hüftgelenksdysplasie ist die Gelenkpfanne abgeflacht. Arthrotische Verformungen durch Abnutzung sind die Folge.

Ellenbogendysplasie (ED)

Auch dieses Leiden gilt als Erbkrankheit. Innerhalb des Ellenbogengelenks zeigt sich eine Störung in der Knorpel- bzw. Knochenstruktur, eine Wachstumsschwäche mit der Folge zunehmender Lahmheit und Entzündungen. ED kann ein- oder beidseitig auftreten und schließt den betroffenen Hund (genau wie HD) von der Weiterzucht aus.

Osteochondrose

Vermutlich lösen Ernährungsstörungen diese schmerzhafte Knochennekrose im Bereich des Schultergelenks aus. Eine medikamentöse Behandlung ist wenig erfolgreich, meist hilft nur eine Operation. Die Krankheit tritt meist bei Jungtieren unter einem Jahr auf.

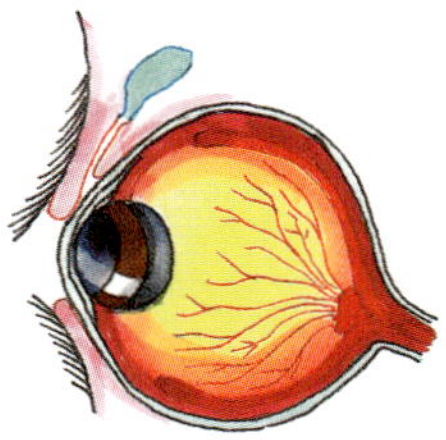

Bei einem gesunden Auge zeigen die Wimpern nach außen.

Augenerkrankungen

Zwei relativ häufige Leiden sind der Graue Star und das Roll-Lid (Entropium).

Der Graue Star macht sich beim Golden meist als Typ posterior polar sucapsular (PPS, auch engl. HC) bemerkbar. Er äußert sich als Linsentrübung, die zu Sehkraftverminderung oder auch völliger Blindheit führt. Die deutschen Golden-Klubs versuchen, die Krankheit durch Selektionsmaßnahmen bei der Zucht auszumerzen.

Das Roll-Lid tritt inzwischen immer seltener auf. Dabei dreht sich der Lidrand nach innen und die Wimpern rufen durch Druck und Kratzen Entzündungen auf dem Augapfel hervor. Befallen werden meist Jungtiere, eine Therapie ist nur chirurgisch möglich.

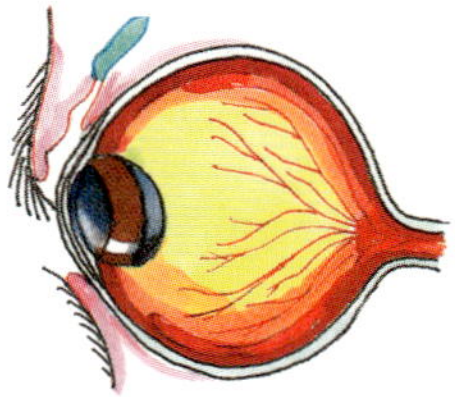

Beim Roll-Lid dreht sich der Lidrand nach innen und die Wimpern kratzen am Augapfel.

Magendrehung

Durch eine Drehung des Magens werden die Zugänge zum Magen verschlossen. Der Hund versucht vergeblich zu Erbrechen. Ohne sofortige Behandlung führt die Magendrehung innerhalb weniger Stunden zum Tod. Vorbeugende Maßnahmen: Verteilen der Tagesration auf 2 kleinere Mahlzeiten, sorgfältiges Anfeuchten des Trockenfutters und vor allem eine ausgedehnte Ruhepause nach dem Füttern. Keinesfalls sofort nach einer Mahlzeit mit dem Hund herumtoben!

Nachwuchs: ja oder nein?

Welpen von der eigenen Hündin sind sicherlich der Traum vieler Hundebesitzer – ob nun durch gezielte »Zucht« oder aus einer zufälligen »Affaire« mit Nachbars »Lumpi«. Ist Ihre Golden-Hündin unfreiwillig trächtig geworden, so kann der Tierarzt übrigens noch ein bis zwei Tage nach der Paarung die Schwangerschaft verhindern. Wollen Sie die Welpen aber behalten oder haben Sie sogar vor, zu züchten, dann müssen Sie sich vorher unbedingt darüber im Klaren sein, dass Ihnen eine zwar schöne, aber verantwortungsvolle Aufgabe bevorsteht, die einiges von Ihnen fordert: Einfühlungsvermögen, finanzielle Opferbereitschaft, viel Platz und Zeit und sehr viel Wissen!

TIPP Wenn Ihre Hündin läufig ist und Sie nicht ständig »liebeskranke« Rüden vor Ihrem Haus haben wollen, setzen Sie die Hündin in der Garage ins Auto und fahren ein Stück, bevor Sie sie laufen lassen. Dann können die Rüden die »heiße Spur« nicht bis zu Ihrer Haustür verfolgen.

Kastration und Sterilisation

Diese beiden Möglichkeiten, ungewollte Schwangerschaften zu vermeiden, werden von vielen Hundebesitzern oft noch immer abgelehnt. Es herrscht der alte Aberglaube, kastrierte Hunde verlören ihren Charakter, würden faul und fett. Richtiger – und von Vorteil – ist aber vielmehr, dass eine frühzeitig (zwischen dem 6. und 8. Monat, am besten vor der Geschlechtsreife) kastrierte Hündin im Alter seltener von Gebärmutterkrebs bedroht ist und weniger mit Geschwürleiden an der Milchdrüsenleiste oder mit unangenehmer Scheinschwangerschaft zu tun hat.

Dennoch bleiben Kastration und Sterilisation ein Bereich, in dem Hundehalter die verschiedensten Erfahrungen gemacht haben. Die einen merken keinen Unterschied im Verhalten ihres Tieres nach einem solchen Eingriff. Andere wiederum sprechen davon, dass Ihre Hündin ein wenig träger oder auch verschmuster wurde. Besitzer kastrierter Rüden stellten in manchen Fällen fest, dass Hündinnen auf besagte Rüden sehr abweisend oder sogar aggressiv reagierten. Hingegen kann man in einigen Fachbüchern auch nachlesen, dass eine Kastration möglicherweise zu einer charakterlichen Veränderung (Aggressivität) beim Rüden selbst führen kann.

Ob dies nun Einzelfälle sind oder nicht – reden Sie am besten mit Ihrem Tierarzt, wann, wie und ob überhaupt ein solcher Eingriff bei Ihrem Golden sinnvoll ist.

Wichtig

Wenn Sie mit Ihrer Hündin züchten wollen oder Ihren Rüden als Deckrüden anbieten, müssen die Hunde zuchttauglich sein und eine entsprechende Prüfung ablegen. Einzelheiten erfahren Sie bei den Retriever-Klubs (Anschriften Seite 62)

Wenn man Abschied nehmen muss

Wenn nur noch Pein und Schmerz ein Hundeleben bestimmen, ist der Moment des Abschieds gekommen. Leider hört ein Hundeherz nicht immer einfach auf zu schlagen, wenn es an der Zeit ist. Dann sollte man dem Hund die Gnade des schnellen, sanften Todes gewähren und ihn beim Tierarzt, der gewiss dazu raten wird, einschläfern lassen.

Für viele Hundebesitzerr kommt zu dem Abschiedsschmerz der unerträgliche Gedanke daran, was mit dem Hund nach seinem Tod geschieht. Es gibt inzwischen viele Hundefriedhöfe in Deutschland. Auch darf ein Haustier im allegmeinen im eigenen Garten begraben werden, so weit das Grundstück nicht in einem Wasserschutzgebiet liegt. Erkundigen Sie sich jedoch sicherheitshalber bei Ihrer Stadtverwaltung, ob es für Ihren Wohnort spezielle Vorschriften gibt.

Bitten Sie Ihren Tierarzt zu Ihnen nach Hause zu kommen, wenn Sie Ihren Liebling im Garten begraben können. Ihrem treuen Freund bleibt dann der Gang zum Tierarzt erspart, der immer mit Stress verbunden ist.

Hundezucht ist eine schöne und verantwortungsvolle Aufgabe, die jedoch gut überlegt sein will.

Was du im Umgang mit deinem Golden Retriever beachten musst:

- Ärgere deinen Vierbeiner nie, und lass an ihm nie deine schlechte Laune aus! Er ist kein Spielzeug, sondern ein Lebewesen, dass du respektieren musst. Behandele ihn so, wie du selbst behandelt werden möchtest. Dein »Goldie« will dein bester Freund sein, dem du all deine Sorgen erzählen kannst.

- Wenn er gerade frisst oder an einem Kauknochen knabbert, darfst du ihn nicht stören. Wenn du etwas Leckeres auf dem Teller hast und ein anderen will es dir wegnehmen, wirst du dich auch nicht darüber freuen.

- Wenn du beim Essen sitzt, gib deinem Hund keinen Happen, auch wenn er dich noch so hungrig ansieht. Bekommt er einmal etwas vom Tisch, wird er es immer wieder versuchen. Außerdem kann er von dem, das dir schmeckt und gut bekommt, krank werden.

- Für deinen Hund ist ein Spaziergang so spannend wie für dich ein Abenteuerfilm. Er schnüffelt überall herum, weil es so interessant nach anderen Hunden reicht. Er weiß dann genau, welcher seiner Freunde schon vor ihm an dieser Stelle war. Lass ihm die Freude und zieh ihn nicht rücksichtslos hinter dir her.

- Misch dich nie ein, wenn dein Hund mit einem anderen Streit anfängt. Im Eifer des Gefechtes könnte dich einer der beiden beißen.

- Ein Hund ist kein Reittier. Das gilt auch für einen so großen Hund wie deinen »Goldie«. Sein Rücken ist viel zu schwach, um dich zu tragen.

Wie viel Kraft hat dein Golden Retriever?

Er ist sehr stark, aber er kann seine Kraft nicht richtig einschätzen. Und du kannst das auch noch nicht ganz genau beurteilen. Wenn ihr miteinander spielt, kann er dir aus Versehen weh tun. Mit diesen Spielen kannst du testen, wie stark dein Golden Retriever hat. Lass dir von einem Erwachsenen dabei helfen.

Tauziehen

Nimm ein altes Handtuch. Du ziehst an einem Ende, dein Hund an dem anderen. Wer ist stärker?

Wettlauf

Ein Erwachsener aus deiner Familie hält ein Spielzeug hoch. Du stellst dich mit deinem Hund in einiger Entfernung auf und hältst ihn fest. Auf »Los!« lässt du ihn los und läufst mit ihm um die Wette zu dem Erwachsenen. Wer ist schneller?

Vorsicht

Gehst du mit deinem »Goldie« an der Leine spazieren , muss immer ein Erwachsener dabei sein. Auch wenn dein Hund ganz prima erzogen ist, kann er plötzlich losstürmen. Hältst du die Leine fest, fällst du vielleicht hin. Lässt du die Leine los, läuft dein Hund vielleicht auf die Straße und wird von einem Auto überfahren oder er verursacht einen Unfall.

Kinder Spezial

Die Vorfahren aller Hunde sind die Wölfe

Vor vielen Tausend Jahren freundeten sich Menschen und Wölfe miteinander an. Vielleicht haben unsere Vorfahren Wolfbabys großgezogen. Oder die Wölfe folgten den Steinzeitmenschen auf ihren Wanderungen durch die Wildnis und fraßen die Essensreste auf. So ganz genau weiß man nicht, wie die Freundschaft begonnen hat.

Unsere Vorfahren hatten jedoch erkannten, dass Wölfe gute Jäger und sehr wachsam sind. Diese Eigenschaften gefielen den Menschen und sie begannen, Wölfe zu zähmen und für sich arbeiten zu lassen. Aus den wilden Wölfen wurden so mit der Zeit zahme Hunde.

Wie kommt es dann, dass die Hunde so verschieden aussehen?

Zunächst einmal, Wolf ist nicht gleich Wolf. Es gibt auf der Welt rund 30 verschiedenen Wolfsarten mit weißem, schwarzem, braunem, grauem oder aus all den Farben gemixten Fell. Im kalten Norden wächst ihr Haarkleid dichter und länger, im warmen Süden dünner und kürzer.

Die Menschen beobachteten ganz genau, welche der zahmen Wölfe ihre Arbeit gut machten. Um immer bessere »Jagdgehilfen« zu haben, durften nur noch jene Wölfe Junge bekommen, die fleißig bei der Jagd halfen. Diese Wölfe waren schlank und schnell. Genauso machte man es mit jenen Wölfen, die sehr wachsam waren. Diese Tiere waren groß und stark.

Alle waren richtige »Arbeitstiere«. Wie sie aussahen, spielte damals keine besondere Rolle. Da aber immer nur bestimmte »Wolfs-Hunde« Junge bekommen durften, bildeten sich allmählich Gruppen mit unterschiedlichem Aussehen. So entstanden in vielen Jahrtausenden auf der ganzen Welt die verschiedenen Hunde.

Die meisten Hunderassen, die du heute auf der Straße siehst, gibt es erst sein ungefähr hundert Jahren, zum Beispiel deinen »Goldie, den Deutschen Schäferhund oder den Boxer.

Wer ist hier der Boss?

Zwar sieht dein Golden Retriever nicht wie ein Wolf aus, aber es steckt noch viel von seinen Ur-Ur-Ur-Großeltern in ihm. Wölfe leben im Rudel. Das ist so etwas wie eine Großfamilie. Und auch dein vierbeiniger Freund will in einem Rudel leben. Da er wahrscheinlich der einzige Hund in deiner Familie ist, bist du mit deinen Eltern und Geschwistern für ihn sein Rudel.

Bei den Wolfsrudeln gibt es immer ein männliches und ein weibliches Leittier. Das sind besonders starke und kluge Wölfe. Diese beiden sind die Bosse. Wenn dein »Goldie« sich auch sehr stark und klug fühlt, wird er versuchen, in deiner Familie der Boss zu sein.

Wenn ihr ihm das erlaubt, geht es bei euch so zu: Dein Hund ist der Boss und beherrscht die ganze Familie. Er gehorcht nicht und tut, was er will. Das kann ganz schön nervig sein. Es macht keinen Spaß, mit ihm etwas zu unternehmen. Deshalb ist es so wichtig, dass dein Hund gut erzogen wird.

So klappt das Familienleben besser: Bei dir zu Hause sind dein Papa und deine Mama die Bosse. Der Hund tut, was sie ihm sagen. Du und dein »Goldie« stehen im Familienrudel etwas weiter unten. Deshalb wird dein Hund dir nicht immer gehorchen wollen. Das darfst du nicht dulden. Gib ihm klare Anweisungen wie »Sitz!«, »Platz!«, »Aus!« oder »Komm!«, aber nur dann, wenn du auch die Zeit und Geduld hast, auf die Ausführung deiner Anweisungen zu warten. Schrei deinen Hund nie an, sondern sprich immer mit ruhiger, normaler Stimme. Lass dir bei der Erziehung des Hundes von deinen Eltern helfen.

Serviceseiten

Wichtige Adressen

Deutschland
Verband für das Deutsche Hundewesen e. V. (VDH)
Westfalendamm 174
44141 Dortmund
Tel. 02 31/56 50 00
Fax 02 31/59 24 40

Deutscher Retriever Club e.V.
Margitta Becker
Dörnhagener Str. 13
34302 Cuxhagen
Tel. 0 56 65/17 34
Fax 0 56 65/17 18

Golden Retriever Club e.V.
Jürgen Rüter
Dietrichsweg 68
26127 Oldenburg
Tel. 04 41/6 74 86
Fax 04 41/6 83 51 22

Jagdgebrauchshundeverband e. V.
Dr. Lutz Frank
Neue Siedlung 6
15938 Drahnsdorf
Tel. 0 35 45/32 15

Deutsches Haustierregister
Baumschulenallee 15
53115 Bonn
Tel. 0 18 05/23 14 14

Österreich
Österreichischer Kynologenverband
Johann-Teufel-Gasse 8
A-1238 Wien
Tel. 01/8 88 70 92
Fax 01/8 89 26 21

Österreichischer Retriever Club
Monika Milota
Wahlberggasse 9
A-1140 Wien
Tel./Fax 01/9 11 67 43

Schweiz
Schweizerische Kynologische Gesellschaft (SKG)
Längassstraße 8
Postfach 82 71
CH-3001 Bern
Tel. 0 31/3 39 60 24
Fax 0 31/3 06 62 60

Weiterführende Literatur

Busch, Patricia:
Golden Retriever
Mürlenbach 1993

Schneidermann, Brigitte:
Retriever richtig pflegen und verstehen
München, 1997

Timson, Marigold:
Golden Retriever,
Mürlenbach 1990

Wild, Rosemarie:
Golden Retriver, Curly Coated Retriever, Nova Scotia Duck Tolling Retriever
CH-Cham 1994

Birr, Ursula:
Erfolgreiche Hundeerziehung
Falken, 1995

Feltmann-v. Schröder, Gudrun:
Hund und Mensch im Zwiegespräch,
Franckh-Kosmos 1993

Fleig, Dieter:
Kynos Hundefibel
Mürlenbach 1992

Hallgren, Anders:
Lehrbuch der Hundesprache,
Reutlingen 1995

Woodhouse, Barbara:
Hunde-Erziehung leicht gemacht,
Zürich 1993

Sie finden uns im Internet:
www.falken.de

Dieses Buch wurde auf chlorfrei gebleichtem und säurefreiem Papier gedruckt.

Der Text dieses Buches entspricht den Regeln der neuen deutschen Rechtschreibung.

ISBN 3 8068 2559 9

Titelbild: 1
Umschlagrückseite: 2
Fotos: E. Pasker, Ebersbach: S. 14 u.; alle weiteren Fotos: U. Schanz, München
Zeichnungen: U. Farkas-Dorner, Plouray/Frankreich; E. Wagendristel (Kinderseiten), Berlin

Druck: Appl, Wemding

817 2635 4453 6271

Register

Erste Hilfe

Ratschläge
für den Notfall:

- Bleiben Sie unbedingt ruhig und besonnen!
- Unterbinden Sie jede Fluchtmöglichkeit!
- Bringen Sie den Hund schnell aus der Gefahrenzone!
- Legen Sie den Hund auf die unverletzte Seite!
- Beruhigen Sie den Hund mit leiser Stimme!
- Legen Sie dem Hund eine Schnauzenbinde an, wenn er Schmerzen hat!
- Fahren Sie auf dem schnellsten Weg zum Tierarzt!

Schnauzenbinden

Auch der liebste Hund kann Sie beißen, wenn er starke Schmerzen hat. Um ihm helfen zu können, müssen Sie ihm die Schnauze zubinden. Die brauchen dazu eine etwa 1 Meter lange Binde (Schal, Krawatte, Stoffgürtel). In der Mitte einen Knoten machen und wie auf der Zeichnung zu sehen um die Schnauze legen und hinter dem Kopf verknoten.

Extra-Tipp

Notieren Sie sich auf einem Zettel, den Sie immer, auch bei jedem Hundespaziergang, bei sich tragen, Telefonnummer und Sprechstundenzeiten Ihres Tierarztes, der nächstgelegenen Tierklinik, des Tierärztlichen Notdienstes und eines Taxiunternehmens (Tiertaxi), das auch verletzte Tiere transportiert

Erste Hilfe bei offenen Wunden

- **Pulsierende Blutungen an Gliedmaßen:** Das Bein oberhalb der Ferse oder des Ellenbogens, jedenfalls oberhalb der Wunde, mit einem elastischen Material (Schal, Strumpf) abbinden und alle 20 Minuten lockern, damit das Bein nicht abstirbt. Wunde verbinden.
- **Blutungen am Körper:** Wunde abdecken und über dem ganzen Körper einen Druckverband anlegen.
- **Leichte Blutungen:** Mit einem sauberen Taschentuch einige Minuten auf die Wunde drücken und nach Möglichkeit die verletzte Stelle kühlen. Verband anlegen.
- **Blutige Verletzungen an den Zehen:** Die Zehenzwischenräume auspolstern (Watte, Papiertaschentücher) und die Pfote verbinden.